入門

信頼性工学

第2版

確率・統計の信頼性への適用

福井泰好 著

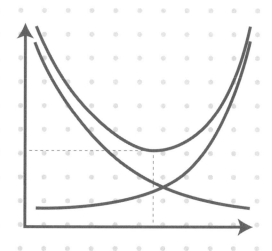

森北出版株式会社

● 本書のサポート情報を当社Webサイトに掲載する場合があります．下記のURLにアクセスし，サポートの案内をご覧ください．

　　　　　　　https://www.morikita.co.jp/support/

● 本書の内容に関するご質問は，森北出版 出版部「(書名を明記)」係宛に書面にて，もしくは下記のe-mailアドレスまでお願いします．なお，電話でのご質問には応じかねますので，あらかじめご了承ください．

　　　　　　　editor@morikita.co.jp

● 本書により得られた情報の使用から生じるいかなる損害についても，当社および本書の著者は責任を負わないものとします．

■ 本書に記載している製品名，商標および登録商標は，各権利者に帰属します．

■ 本書を無断で複写複製（電子化を含む）することは，著作権法上での例外を除き，禁じられています．複写される場合は，そのつど事前に(一社)出版者著作権管理機構（電話03-5244-5088, FAX03-5244-5089, e-mail:info@jcopy.or.jp）の許諾を得てください．また本書を代行業者等の第三者に依頼してスキャンやデジタル化することは，たとえ個人や家庭内での利用であっても一切認められておりません．

第2版 まえがき

　2006年の第1版発行以来10年が経過し，信頼性工学の入門書として多くの方々の励ましの言葉を受けてきた．この間の時の流れを考慮しつつ，できる限り平易にということを念頭に置き，例題や演習問題で応用法を理解できるよう，改訂に取組んだ．

　今日，外来語の日本語表現を含むさまざまな事柄を再検討してみると，その背景を把握しないと内容を適切に表現することはとても難しいと，改めて思い知らさる．何が正しいのか，間違いなのか，一定の決まりがない中でおかしいと言われることへの対処である．とくに，日本語として適切な言葉がないため，カタカナ言葉，学会等によって異なる言い回し，言葉遣いなどどうでもよいことの多さには悩まされた．その成り立ち，背景を把握しているから理解できる専門用語の簡単な説明は難しいと思いながら，考え方の多様性を認め，グローバリゼーションの世界を生き抜くことの大変さについて，再認識した．

　本書（第2版）では，例題，演習問題を中心に入門書として使用する際の学生諸君からの質問・疑問・指摘，読者の方々から寄せられた貴重な意見等を反映し，再検討した．「ものづくり」という言葉が一般的に用いられるようになったこと，そのような考え方の変化への対応にも配慮した．座学と実学の相違，特定の取扱い対象に対する常識という非常識さに起因する曖昧模糊としたイメージの下で適切な記述をすることは難しい命題である．しかも，入門書ゆえの専門的な常識に対する無知からくる「なぜ」という疑問への対応も必要である．一定の指針が定まっている論文を書くほうが余程楽である．なお，解答の下2桁程度は，計算の有り様によって異なるが，その原因を，各自考えるようにお願いする．

　今後も本書により，多くの方々が信頼性工学の理解を深めることができる一助になれば，私にとって幸いである．いずれにしても，信頼性工学の進展，活用のために役立つことを願うばかりである．

2016年5月

福井泰好

まえがき

　私たちが安心して生活するためには，あらゆるものを信頼できなければならない．とりわけ，身のまわりの工業製品には，所期の目的を的確に果たすことが望まれている．信頼性工学は，そのような要求を確率論的に保証する基礎学問である．単純な道具では問題にならなかったことが，機能が多様化し，複雑な構造になるにつれて，系統だった取り扱いをしないと，信頼性を保証することが困難になってきた．社会の進歩が要求し，生み出した学問が，信頼性工学である．工業製品が，壊れず，誤作動せず，約束どおり，期待どおりのはたらきをすることは，信頼性工学の成果である．

　もともと，壊れず，壊れたとしても容易になおして使用できるということは，工業製品に対してつねに要求されてきた課題である．「失敗は成功のもと」というように，過ちの発生原因をさかのぼって追求することも信頼性を向上させる手法かもしれないが，それが予測できるものであるならば，前もって対策を講じて防止するにこしたことはない．信頼性を高めるために大切なことは，信頼性評価の考え方を理解し，その取り扱い法と活用法を学ぶことである．さらに，製品の構想から廃棄までの間に起こるさまざまな問題を克服することを通して，総合的に信頼性を高め，工業製品の価値を額面どおり活用できるようにすることが必要である．

　これからの機械技術者は，葉を見て木を知り，木を見て葉を知るといった感性を自らがもって，工業製品に生じるであろう問題点を把握し，さまざまな知識を活用し，最適解はあっても正解のない課題に対応できるデザイン能力をもたなければならない．確率の問題である信頼性に関しては，確率・統計学の知識に精通し，この知識を工業製品の信頼性評価に応用し，信頼性を高める能力が要求されている．さらに，統計値を生み出す評価試験の実際を把握しておく必要もあるし，派生する不可避の問題を適切に処置する能力も要求されている．

　そういう視点から，本書は信頼性工学をはじめて学ぶ学生のための入門書として，信頼性工学で使用する用語とその定義，信頼性データの解析法，信頼性の評価法をできるだけ平易に説明することをめざしている．とくに統計学との関連，その使用法に的を絞って，工学の基礎学力と工学的思考法を応用しつつ信頼性に関する種々の固有技術を学習し，それらを統合して学ぶことが適正と考えて，本書は構成されている．そのため，信頼性工学で使用する統計学の応用については，実学的に多くの例題と問題を設定して解析手順を明示し，より難しい課題への関心を深めるように努めた．

この15年間の講義「信頼性工学」をまとめたのが，本書である．レポートや試験の採点をとおして，学生が理解し難いのかなと感じたこと，自分で問題を解くにあたり困ったこと，パソコンで処理するのに苦労したことなどを文章として適切に表現することは難しいというのが実感である．授業において「99％は正しいけれど，1％は間違っているかもしれない」とか，「教科書が正しいとはかぎらない」といいつづけてきた自己を振り返り，読者が本書をとおして信頼性工学に取り組むきっかけの一助になれば幸いである．なお，浅学，非才ゆえに，最善の努力はすれども，不十分な部分や誤りがあるかもしれない．ぜひ，読者のご叱正を賜りたい．

　最後に，本書の出版に当たり，多大なご理解とご尽力を賜った森北出版の大橋貞夫氏，石井智也氏ほか関係者の各位に深く感謝の意を表します．

2006年6月

福井泰好

目 次

第 1 章　信頼性工学の概要

1.1　信頼性工学とは 1
　　1.1.1　信頼性工学の起源　1　　　1.1.2　信頼性工学の枠組み　2
　　1.1.3　信頼性への要求　4　　　　1.1.4　安全と製造物責任　6
1.2　信頼性技術 8
　　1.2.1　信頼性の概念　8　　　　　1.2.2　信頼性の評価基準　9
　　1.2.3　信頼性設計　9
1.3　信頼性特性値 11
　　1.3.1　信頼度の定義　11　　　　　1.3.2　保全度の定義　12
　　1.3.3　故障率の定義　12　　　　　1.3.4　アベイラビリティの定義　13
演習問題 1 14

第 2 章　確率と統計の基礎

2.1　事象と確率 15
　　2.1.1　数学的確率　15　　　　　　2.1.2　統計的確率　16
　　2.1.3　順列と組合せ　17　　　　　2.1.4　独立試行の確率　18
　　2.1.5　確率の加法定理　19　　　　2.1.6　確率の乗法定理　20
　　2.1.7　反復試行の確率　23
2.2　データの整理 24
　　2.2.1　標本調査　24　　　　　　　2.2.2　度数分布　25
　　2.2.3　代表値　26　　　　　　　　2.2.4　散布度　28
2.3　確率変数と確率分布 30
　　2.3.1　確率変数の平均と分散　30
　　2.3.2　2 つのデータを混合した場合の平均と標準偏差　31
　　2.3.3　2 つの確率変数の和の平均と標準偏差　33
　　2.3.4　連続型確率変数　36
演習問題 2 38

第3章　信頼性測度の基礎

3.1　信頼性と故障 39
   3.1.1　故障曲線　39　　　　　　　3.1.2　寿命と故障対策　41
   3.1.3　耐久性と故障　41
3.2　信頼性の基本式 43
   3.2.1　信頼性の基本関数　43　　　3.2.2　確率分布関数（不信頼度関数）　44
   3.2.3　信頼度関数　45　　　　　　3.2.4　故障率関数　45
   3.2.5　信頼度関数，確率分布関数，確率密度関数，故障率関数の相互関係　46
   3.2.6　累積確率の推定　47　　　　3.2.7　点推定と区間推定　49
3.3　信頼性の指標 51
   3.3.1　総動作時間　51　　　　　　3.3.2　時間推移のいろいろ　53
演習問題3 56

第4章　信頼性評価関数の基礎

4.1　離散型確率分布 57
   4.1.1　二項分布　57　　　　　　　4.1.2　ポアソン分布　59
4.2　連続型確率分布 61
   4.2.1　指数分布　61　　　　　　　4.2.2　正規分布　64
   4.2.3　対数正規分布　66　　　　　4.2.4　ワイブル分布　69
   4.2.5　3母数ワイブル分布　72
演習問題4 73

第5章　信頼性データの統計的解析

5.1　回帰分析 75
   5.1.1　相関係数　75　　　　　　　5.1.2　線形回帰分析　76
   5.1.3　正規分布の母数　77　　　　5.1.4　対数正規分布の母数　79
   5.1.5　2母数ワイブル分布の母数　81　5.1.6　3母数ワイブル分布の母数　83
5.2　最尤法 84
   5.2.1　最尤推定値　84　　　　　　5.2.2　指数分布の母数　84
   5.2.3　正規分布の母数　85　　　　5.2.4　対数正規分布の母数　86
   5.2.5　2母数ワイブル分布の母数　86

5.3 分布の χ^2 適合度検定 88
    5.3.1 基本的な考え方　88　　　　5.3.2 判定基準と有意水準　89
演習問題 5 91

第 6 章　アイテムの信頼性

6.1 信頼性設計の手順 93
    6.1.1 設計の基本事項　93　　　　6.1.2 安全の考慮　94
    6.1.3 デザインレビュー　96
6.2 信頼性予測 97
    6.2.1 予測方法　98　　　　　　　6.2.2 信頼度水準　98
6.3 冗長系と信頼性 100
    6.3.1 冗長性　100　　　　　　　6.3.2 直列系　101
    6.3.3 並列冗長系（並列系）　102　6.3.4 系並列冗長系と要素並列冗長系　103
    6.3.5 待機冗長系　104　　　　　6.3.6 m/n 冗長系　105
    6.3.7 各種冗長系の信頼度比較　106
6.4 FMEA と FTA 108
    6.4.1 故障解析とフォールト解析　108　6.4.2 FMEA と FMECA　109
    6.4.3 FTA　111
演習問題 6 113

第 7 章　アイテムの保全性

7.1 保全方式 115
    7.1.1 予防保全と事後保全　115　　7.1.2 保全性設計　117
7.2 保全度関数 118
7.3 アベイラビリティ 120
    7.3.1 アベイラビリティの基礎　120　7.3.2 瞬間アベイラビリティ　121
    7.3.3 機器アベイラビリティ　123　　7.3.4 使命アベイラビリティ　124
    7.3.5 アベイラビリティの評価　125
7.4 保全方策 126
    7.4.1 指数分布に従う場合の定期点検周期　127
    7.4.2 ワイブル分布に従う場合の定期点検周期　127
演習問題 7 128

第 8 章　信頼性の抜取試験

8.1　抜取方式の種類 130
　8.1.1　概　念　130　　　　　　　8.1.2　基本の方式　130
8.2　OC 曲線 131
　8.2.1　ロット合格率　131　　　　　8.2.2　抜取試験の信頼水準　133
8.3　抜取試験方式 136
　8.3.1　計数 1 回抜取方式　136　　　8.3.2　指数分布型計数 1 回抜取方式　138
　8.3.3　計量 1 回抜取方式　139　　　8.3.4　計数逐次抜取方式　140
　8.3.5　計量逐次抜取方式　143
演習問題 8 145

第 9 章　信頼性物理と構造信頼性

9.1　信頼性物理の目標と役割 146
　9.1.1　故障物理　146　　　　　　9.1.2　信頼性試験　147
　9.1.3　加速試験　149
9.2　寿命（故障）とストレスの関係 150
　9.2.1　アレニウスモデル　150　　　9.2.2　アイリングモデル　152
　9.2.3　マイナー則（線形損傷則）　154
9.3　構造信頼性の評価 155
　9.3.1　最弱リンクモデル　155　　　9.3.2　束モデル　156
　9.3.3　ストレス−強度モデル　157　　9.3.4　安全余裕と故障確率　159
　9.3.5　安全係数と故障確率　160
演習問題 9 162

付　録 163
　A.1　ガンマ関数　163　　　　　　A.2　方程式の数値解法　163
　A.3　Excel による例題の計算例　165
　付表 1　標準正規分布の上側確率　169　　付表 2　標準正規分布のパーセント点　170
　付表 3　ガンマ関数　171　　　　　　付表 4　χ^2 分布のパーセント点　172
演習問題の解答 174
参考図書 188
索　引 189

第1章 信頼性工学の概要

信頼性工学がめざすものは,「信頼」という定性的な性質を確率と統計を応用して定量化し,その評価を通して工業製品の信頼性向上をはかることである.その学修を始めるために,1.1 節で信頼性工学の起源や信頼性の定義を記述し,1.2 節で信頼性工学が対象とする範疇を示し,1.3 節で信頼性という抽象的な概念を定量化するための基本的な信頼性特性値(信頼度,保全度,故障率,アベイラビリティ)の定義について説明する.

1.1 信頼性工学とは

1.1.1 信頼性工学の起源

(1) 社会の要請

ものづくりに関与する数多くの企業がわが国にはあり,企業群が相互依存関係を維持しながら作り出しているあらゆる製品に対して,絶対的な安全,信頼性が要求されている.しかし,甚大な被害をもたらす自然災害や事故の発生時に,想定外という言葉を頻繁に耳にするようになって,早いもので数十年が経過する.現代社会においては,IT 技術にもとづくシステムの複雑化が必然とされ,多くの構成要素のブラックボックス化が進み,大規模システムの全体像を把握し,被害を想定することを困難にしているためかもしれない.

「必要なとき,要求している機能を発揮すること」は,ユーザーにとって当然のことであり,製品に求める最大の関心事である.また,ものづくりに直結している工学には,必要とされている機能をつねに把握し,その要望に対応できる学問体系を保持することが要請されている.一工学分野である**信頼性工学**も,社会の要請に応えるため,適切な体系を構築している.信頼性工学がめざしているところは,工学が関与しているあらゆるものづくりに関して,故障や誤作動をせず,期待どおりの機能を発揮する視点から,信頼性を画一的に付与することである.

(2) 歴史的背景

信頼性工学の起源は,第二次世界大戦中の米軍のエレクトロニクス関連兵器の機能不全発生にあるらしい.当時,米軍が使用していた航空機や電子機器の多くは,温度,湿度,雰囲気といった使用環境への適切な対応を考慮していなかったので,輸送中や保管中,あるいは使用中の故障が多発するという問題が派生した.そこで,生じたさまざま

な故障を克服するためには，確率と統計を基礎にして，実際の使用条件下での対策を検討することが大切であるとの認識が生まれた．確率と統計を用いて，故障の原因を体系化して検討するという，今日の信頼性工学の考え方が，そのころ形成されたようである．

ものづくり技術の発展につれて，図 1.1 に示すように，「**信頼性**」というキーワードを念頭におき，設計，製作，保全というプロセス相互の関連性を考慮したうえでの，組織的な信頼性の獲得をめざす活動の有効性が認知されている．その結果，信頼性工学は新しい工学領域として体系化され，安心して使用できる高品質の製品を作り出すことに寄与している．私たちは，信頼性工学の発展によって，工業製品の信頼性が向上し，有形・無形の恩恵を受けている．

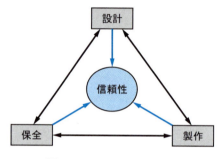

図 1.1　信頼性の獲得の概念

■ 1.1.2 ■ 信頼性工学の枠組み

(1) アイテム

イノベーションが進行するときには，それに関する意義，課題などを共有するために，使用する言葉の意味を適切に定義しておくことが肝要で，信頼性工学で用いる言葉は，**JIS Z 8115** の『ディペンダビリティ（信頼性）用語』に規定してある．**ディペンダビリティ** (dependability) とは，信じて頼るという広義の信頼性の概念を意味する非定量的な言葉である．このディペンダビリティが包含している信頼性 (reliability) の定義は『**アイテム**が与えられた条件の下で，与えられた期間，要求機能を遂行できる能力』（JIS Z 8115 より）となっている．

JIS Z 8115 におけるアイテムの定義は，『ディペンダビリティの対象となる，部品，構成品，デバイス，装置，機能ユニット，機器，サブシステム，システムなどの総称又はいずれか』である．このアイテムの概念とアイテムがもつ相対的な上位アイテムから下位アイテムという階層構造の概要を，図 1.2 は示している．たとえば，機器を集めて成り立つサブシステムは，機器に対して上位アイテムであり，機器を構成する装置は，機器に対して下位アイテムであるという上下関係がある．

ねじやワイヤのような最下位アイテムに対し，最上位アイテムであるシステムは，

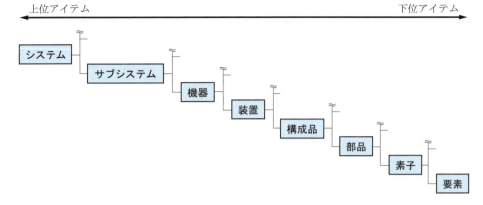

図 1.2 アイテムの概念と階層構造

「選定され，組み合わされ，相互に連係して，要求された仕事を果たすために動作する一連のアイテムの組合せのことである」と定められ，その概念には，ハードウエア，ソフトウエア，人間要素といったものすべてを含んでいる．

(2) 信頼性の保証

アイテムの信頼性は，機能や性能などとは別に日常的に要求されていることがらである．社会が期待している水準以上の信頼性を保証することができなければ，どのような技術も机上の空論となり，アイテムとして成立しない．信頼性工学は，身のまわりにある機器，装置，プラント，システムなどのありとあらゆる工業製品が，その機能に対する要求を満たしている確率を，誰もが同じ基準で取り扱えるように，画一的に評価することを通して，アイテムの信頼性を高めている．

ものづくりにおける信頼性作り込みのための定性的な流れを示したのが，図 1.3 である．アイテムを作るとき，大きな矢印に沿って，機能，性能，デザインが順次確保

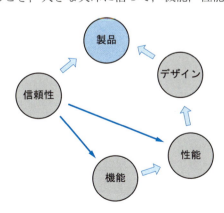

図 1.3 信頼性を軸とした工業製品への要求

される．当然，信頼性も確保されるが，小さな矢印で示すように，機能，性能を達成するときにも，あわせて作り込まれる．企業にとって重要なことは，このようなものづくりのプロセスを総合的に考慮して，作り出したアイテムの信頼性の確保と向上に努めることであり，ユーザーに信頼される高品質アイテムを生産するための技術開発や，工程管理，出荷前の検査などを充実させることである．

(3) 固有技術と応用技術

要求されている使命をアイテムが十分に達成するためには，確率と統計に関する諸特性を利用した信頼性評価のための理論的な裏づけにもとづき，固有技術と応用技術の両者を系統立てて適切に管理し利用する技術の展開が重要となる．

信頼性工学は，機能や性能に関する使命達成を保証するための固有技術という一面のほかに，システム応用技術の側面をあわせもっている．確率と統計の知識を基本として，アイテムの規模の大小，数量の多少を問わず，ユーザーや周囲の環境に優しく，社会の要請する信頼性を十分満たすことのできる工業製品を，設計，製造するために用いる科学的道具である．さまざまな分野の固有技術との相乗効果によって，はじめて本来の能力を発揮できる信頼性工学は，固有技術ときわめて深い関連をもつものづくりに必要な学際的応用技術といえる．

■ 1.1.3 ■ 信頼性への要求

(1) 社会の複雑化

優れた信頼性や安全がアイテムに求められる背景には，アイテムの複雑化，巨大化，大量生産および大量消費という現実がある．規模が巨大化し，メカニズムが複雑化し，機能が高度化した大規模アイテムでは，課せられた使命を達成するということが，安全や経済性の面からもきわめて大切となる．このようなものづくり技術を結集した大規模アイテムにおける故障や事故による損失は甚大であって，信頼性や安全を含む高品質の保証が，企画から製造，廃棄に至るまでの**ライフサイクル**全体に求められるのは当然のことである．

大量生産アイテムに対しても，大量生産による品質の不ぞろいや不具合がユーザーの不信や多大な損失を招き，製品価値を失うことに直結するので，信頼性の確保が求められる．大量生産に必要なものづくり技術は，迅速な製造技術や検査技術の確立であって，アイテムの優れた品質の一様性を保証するために厳しい品質管理が行われ，これにより効率的な大量生産を可能にしている．さらに，大量生産アイテムのユーザーは，多くの場合，不特定多数であることから，製品販売後の有形・無形の事故につながり得る被害発生の予防が必要不可欠であり，それにともなって信頼性確保に対する要請が，より大きくなっている．

(2) アイテムの複雑化

「信頼度 99.9 % でも，560 万個の部品では，5600 個の不良部品が残る」との標語が，米国の航空宇宙関連の工場に掲示されていた．アイテムの信頼性向上に対する従業員の意識向上をめざした標語である．99.9 % の信頼度というのは 1000 個の部品中に 1 個の不良品が存在することであり，乱暴な計算をすれば，この手の部品を 1000 個使用したアイテムの信頼度は，$0.999^{1000} \fallingdotseq 0.368$（6.3.2 項参照）に過ぎないことを意味する．このような部品（下位アイテム）の信頼度 R をパラメータとして，アイテムの信頼度と部品数との関係を表した結果が，図 1.4 である．

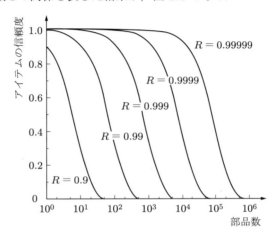

図 1.4　部品数と部品の信頼度 R がアイテムの信頼度におよぼす影響

アイテムの複雑化による部品数の増加にともない，部品の信頼度が一定であっても，アイテムの信頼度が著しく低下し，信頼性を確保することは指数関数的に困難になることを，図 1.4 は示している．すなわち，複雑化したアイテムにおいては，部品数を減らす簡潔な設計をめざすことが，高い信頼性を獲得するための，有効な一手段であると認められる．また，部品数の削減は，ものづくりにおいてアイテムの信頼性を向上させるだけでなく，コストの低下ももたらす．

(3) 故障対策の成果

わが国の工業製品に使用される部品の信頼度は，もはや統計値としては表現できない水準にまで到達しているといわれ，部品の欠陥による故障というものが，ほとんど起こり得ない状況である．1950 年代ごろの「安かろう，悪かろう」という言葉は死語になり，「made in Japan=高品質」という高い信頼度のイメージが保証されている時代である．このような高レベルまで信頼性を向上させることができたのは，信頼性を信頼度として定量化し，設計，製造，使用，保全といったライフサイクルすべての過

程でのマネジメントに応用してきた成果といえる．

　アイテムの故障対策を例にとって，信頼性を向上させるための取り組みの流れを整理したものが，図 1.5 である．故障対策は，設計，製造，使用，保全のすべての段階で考慮することがらである．とくに，設計段階では，製造，使用，保全の過程において，信頼性を確保するための基本的な方策が考慮されている．このようなものづくりにおける努力の積み重ねにより，高い信頼性が得られるだけでなく，高い信頼性に付加的に含まれている概念である安全も同時に確保できる．

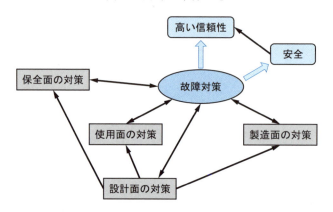

図 1.5　信頼性と安全向上の概念

■ 1.1.4 ■ 安全と製造物責任

(1)　安全の概念

　安全の定義は，『人への危害又は資（機）材の損傷の危険性が，許容可能な水準に抑えられている状態』(JIS Z 8115 より) である．信頼性が，所定の機能を遂行できなくなるまでの過程を対象とするのに対し，安全は人間や資材に損失・損傷を与える危険な状態に対する対応を考慮し，その影響の広がりを防止するという着眼点の相違がある．当たりまえのことである安全が叫ばれている背景には，意図しない結果を生じる人間の行為である**ヒューマンエラー**が不可避であるうえに，大量生産，高速輸送，あるいは大量輸送，さらには，アイテムの大型化・大規模化という社会構造がある．

　人災・天災を問わず原因が何であれ，どのような分野でも，いったん事故が発生すると，直接・間接的な被害を生じる．とくに，高速輸送，送発電，コンビナート，情報関連システムなどの事故は規模が大きく，はかりしれない影響がある．そういった大事故は，残念ながら毎年発生している．それを防ぐ方策を，安全という言葉を用いて，絶えず検討し未然に防止しようという取り組みが必要である．もちろん，安全を考えるといえども，信頼性を確保することが前提条件となるから，安全の確保と向上

に努めることが，広い意味で信頼性を保証する手段に直結している．

(2) 製造物責任

ものづくりにおいて，アイテムの安全の向上が重視される別の背景には，**製造物責任（PL：product liability）**への対応という視点がある．製造物責任とは，アイテムの欠陥により，ユーザーが生命，身体，財産などに損害を被ったとき，それに対する損害賠償責任が，製造業者や販売業者にあるとする考え方である．この考え方にもとづく，「メーカーが製造物の欠陥により，他人の生命，身体または財産を侵害したときは，損害の発生に関して，メーカーの故意，過失の有無にかかわらず，これによって生じた損害を賠償する責任がある」という，図 1.6 に流れを示す概念を定めた法律を製造物責任法といい，一般に PL 法とよばれている．大量生産・大量消費社会において，欠陥商品を製造あるいは販売した業者などの責任の在り方の，「**過失責任**」から「**無過失責任**」への転換である．

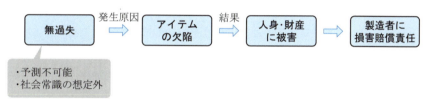

図 1.6　PL 法の概念

米国では 1960 年代の裁判例をもとに各州で，また欧州各国では 1980 年代に，PL 法が整備された．わが国でも，製造物責任法が 1995 年に施行されたので，今日では，製造業者などの「過失」，すなわち，「注意を欠いて結果の発生を予見しなかったこと」の証明は不要で，アイテムの「欠陥」によって被害が生じたことを証明すれば，賠償責任を請求することができる．それまでは，民法の過失責任規定にもとづく不法行為の追及はできても，被害を被ったユーザーに要求されていた，アイテム供給業者の故意ないしは過失を立証することは，きわめて困難であった．

PL 法の施行によって訴訟が頻発し，産業の競争力や技術開発意欲を弱めるとの懸念もあったが，社会的責任である信頼性や安全の向上に努力することと，有用なアイテムをユーザーに提供することとの間に矛盾が生じることはなかった．これ以降，各企業はアイテムの使用法を十分徹底し，間違った使用法を防ぐ観点から，表示や取扱説明書の適性化を進めるとともに，安全なアイテムを製造するための技術開発や，工程管理，出荷前の検査，アフターケア体制の充実に努めている．

1.2 信頼性技術

■ 1.2.1 ■ 信頼性の概念

(1) 信頼度と保全度

「壊れにくさ（故障しにくさ）」の程度を定性的に表現しようとする考え方が信頼性工学でいう信頼性であり，**信頼度**はその定量的尺度である．これに対し，アイテムが故障したときの定性的な「なおしやすさ」の程度を表現しようとする考え方が**保全性**であり，**保全度**はその定量的尺度である．

ここで，**故障**とは，アイテムが要求機能達成能力を失うことを意味し，その定量的尺度が**故障率**である．なお，ある要求された機能を遂行不可能なアイテムの状態，あるいは，アイテムに要求機能遂行能力を失わせたり，支障を起こさせる原因を，**フォールト**という．故障は事象であり，フォールトは状態であるとされているが，厳密には区別しないで，単に故障と表現することがある．

ところで，ディペンダビリティは，信頼性を包括的に表す言葉である．この抽象的な用語は，アイテムが故障しないようにするという狭い意味での信頼性，故障したアイテムをもとの正常な機能に回復させる保全性，さらには，故障しても人に危害を与えず財産にも損害を与えないようにする安全などの視点をつねに含んでいる．

(2) 修理系と非修理系

故障しても修理しないアイテム（**非修理系**）では，保全性を考える必要はない．しかし，生産設備や耐久消費財などの**修理系**では，故障・不具合を事前に発見するための点検・検査が容易に行えるか，あるいは故障した際の補修が迅速かつ容易に実行可能か，という保全性の問題が重要になる．たとえば，工場で使われている生産設備では，保全しつつ使用することが当然であって，設備管理のための保全性の確保が大切である．アイテムに対する世間の常識的な，あるいは各ユーザーが求める信頼という言葉の重みを把握したうえで決まる信頼性と保全性とのバランスのとり方は，つねに一定ではなく対象とするアイテムによって変化する．

(3) アベイラビリティ

実用化ないしは製造に工学が関与するものづくりにおいては，アイテムが課せられた使命を達成するという考え方の中に，アイテムが故障しないという概念を含んでいる．しかし，何らかの故障が不可避である場合には，たとえアイテムが故障したとしても，迅速に修理が行われて，実用に支障が生じなければ，アイテムの使命は達成されたとみなせる．このような信頼性と保全性の両方を，同時に要求されているアイテムにおいては，「全体として満足な状態を維持する」という考え方が必要になる．

このような考え方にもとづき，信頼性と保全性の両者を包括的に考慮した確率が，**ア**

ベイラビリティである．アベイラビリティは，時間の関数であって，一定期間における生産設備の利用度合いを表す操業率ないしは稼働率に相当する指標であると評価されている．

■ 1.2.2 ■ 信頼性の評価基準

信頼度，保全度，故障率，アベイラビリティは，信頼性の「与えられた条件で，要求された機能を果たす」という程度を評価するために用いられる代表的な尺度である．それらを定義するときには，対象アイテムに対して，

① 所定の条件：主要な環境条件または使用条件
② 所定の期間：所定の機能を果たすべき時間
③ 所定の機能：故障とは何か，また故障と確率の関係

などの評価基準を明確にしなければならない．なぜなら，信頼性というものは，図1.7に示すような評価基準に強く依存し，基準が違えば結果も変わるという特質をもつためである．もちろん，過酷な条件，長寿命，多機能という具合に要求が多くなれば，信頼性は一気に低下するし，経年変化によるアイテムの特性や性能の低下という**劣化**は，避けて通れないものである．

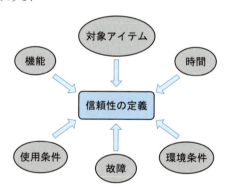

図1.7　信頼性評価のための基準要素

■ 1.2.3 ■ 信頼性設計

(1) 意義と目的

アイテムの定量的な信頼性評価の尺度である信頼度は，設計時に予測，試験で測定，製造時に管理，使用時に維持できると考えられている．これに対し，品質のばらつきに起因する性質は，本来確率的なものであるため，予知が困難である．故障は，動作環境・使用条件に依存する時間的現象であり，同一条件で使用するアイテムの故障出現には，統計的な規則性が認められている．したがって，故障生起にともなう損失を

小さくするためには，アイテムの設計に際して，予知できる故障の生起を予防し，予知できない故障生起の程度を減らすという科学的な考え方を，定量的に取り込むことが必要である．

信頼性工学は，「壊れにくさ」と「なおしやすさ」の兼ね合いを適切に考慮しつつ，正常に機能し，頼れるという信頼性を，アイテムに付与することを目的とする応用科学技術という特色をもつ．それを具現化するための**信頼性設計**は，故障をできるだけ防止し，故障が発生してもシステム自体の機能を保持できるようにする工夫である．その方法として，図 1.8 に例示する，**冗長性**の付与（複数手段の付加），部品の**モジュール化**（機能別に集約した構成），さらには，**ディレーティング**（負荷軽減）および**スクリーニング**（不具合の除去または検出）などの技術があり，広い意味での信頼性の向上に大きく貢献している．

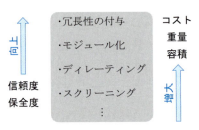

図 1.8　信頼性獲得の知恵とトレードオフ

(2)　信頼性のトレードオフ

信頼性設計においてモジュール化やディレーティングなどの方法を導入することにより生じる負の面は，図 1.8 に示すように，コスト，重量，容積などの増加である．とはいえ，信頼性の低いアイテムは，保全費用が大きくなること，さらには安全上の問題

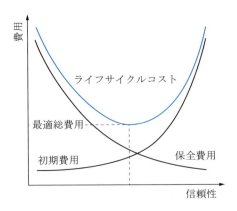

図 1.9　信頼性とライフサイクルコストの相関

が生じやすく，ユーザーに過大な負担を強いる可能性が大きいので，好ましいものとはいえない．高価なアイテムは信頼性が高く，維持が容易なのに対し，廉価なアイテムは故障率が高く，保全費用（修復費用）がかかるという一般論は，社会常識である．

経済的なアイテムは，図 1.9 に示す初期費用と保全費用の普遍的な関係を念頭において，最適な**ライフサイクルコスト**（開発から使用，廃棄に至るまでの総費用）を評価する視点に立って，信頼性，保全性，安全，機能，コストなどの諸要求を上手にバランスさせている．すなわち，信頼性設計において，ライフサイクルコストが最小となるように，競合する信頼性と保全性の間の折り合いをとり，最適な解決策を決める**トレードオフ**の知恵，工夫といった配慮が十分になされているアイテムが，よいアイテムといえる．

1.3 信頼性特性値

信頼性を数量的に評価するためにさまざまな指標が用いられているが，それらは**信頼性特性値**と総称されている．以下では，代表的な信頼性特性値のいくつかを取り上げ，その定義を述べる．

■ 1.3.1 ■ 信頼度の定義

信頼性を定量化して評価する**信頼度**の定義は，『アイテムが与えられた条件の下で，与えられた時間間隔に対して，要求機能を実行できる確率』（JIS Z 8115 より）である．すなわち，信頼度は，システム，機器，部品などのアイテムが，規定の条件の下で，意図している運用時間において，動作可能な状態にある確率である．したがって，

$$信頼度 = 動作可能アイテム数 \div 総アイテム数$$

であり，対象とするアイテムが N 個あるとき，時刻 t において動作可能なアイテム数を $n(t)$ とすると，信頼度 $R(t)$ は，次式で表される．

$$R(t) = \frac{n(t)}{N} \tag{1.1}$$

例題 1.1 あるアイテムが 3 個あり，それぞれ運用 6，12，20 時間で故障した．このとき，運用 5，10，25 時間における信頼度 $R(t)$ を求めよ．

[解] $N = 3$ なので，信頼度は，式 (1.1) より，
 運用 5 時間，3 個中 3 個使用可，$R(5) = 3/3 = 1 = 100\ \%$
 運用 10 時間，3 個中 2 個使用可，$R(10) = 2/3 \fallingdotseq 0.667 = 66.7\ \%$
 運用 25 時間，3 個中 0 個使用可，$R(25) = 0/3 = 0\ \%$

■ 1.3.2 ■ 保全度の定義

保全性を定量化して評価する**保全度**の定義は，『与えられた使用条件の元で，アイテムに対する与えられた実働保全作業が，規定の時間間隔内に終了する確率』（JIS Z 8115 より）である．すなわち，保全度は，故障したときには，保全を行って使用することを前提としているアイテムが，規定の条件において保全を開始したのち，要求された**保全時間**内に保全を終了し，アイテムが使用可能な状態となる確率である．それゆえ，

$$保全度 = 保全終了数 \div 総保全数$$

であり，対象とする総保全数が N 件のとき，そのうち時刻 t において保全が終了しているアイテム数を $n(t)$ とすると，保全度 $M(t)$ は，次のように表せる．

$$M(t) = \frac{n(t)}{N} \tag{1.2}$$

例題 1.2 今月保全したアイテム 24 台の保全時間（単位：分）は次のとおりであった．この結果から，保全開始後 70 分における保全度 $M(70)$ を求めよ．
30, 39, 42, 44, 46, 47, 50, 53, 56, 58, 61, 63, 64, 65, 66, 67, 69, 73, 76, 80, 82, 85, 88, 93

[解] 総保全数 24 件のうち，17 件は 70 分以内に保全が終了しているので，保全度は，式 (1.2) より，

$$M(70) = 17/24 \fallingdotseq 0.7083 = 70.83\ \%$$

■ 1.3.3 ■ 故障率の定義

『当該時点でのアイテムが可動状態にあるという条件を満たすアイテムの当該時点での単位時間当たりの故障発生率』（JIS Z 8115 より）が，**故障率**の定義である．すなわち，故障率は，ある時点まで可動状態にあったアイテムが引き続く単位時間内に故障を発生する確率を表し，単位時間内の総故障数を**総動作時間**（= 単位時間 × 可動アイテム数）で割ったものとなる．したがって，

$$故障率 = 総故障数 \div 総動作時間$$

である．図 1.10 に示すように，時刻 t_i（ただし，$i = 1, 2, \cdots$）において残存している可動アイテム数を $N(t_i)$，単位時間を Δt_i，その間に生じる総故障数を $n(t_i)$ とするとき，総動作時間が $N(t_i)\Delta t_i$ となるので，故障率 $\lambda(t_i)$ は，次の式で表される．

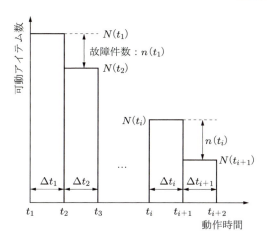

図 1.10　故障率計算の基本概念

$$\lambda(t_i) = \frac{n(t_i)}{N(t_i)\Delta t_i} \tag{1.3}$$

　故障率の単位としては，/時間，％/時間，％/10^3時間（= $1/10^5$ 時間），1 **FIT**（= $1/10^9$ 時間）などを用いる．なお，故障率の逆数は，**平均故障間動作時間**（4.2.1 項参照）である．また，修理系アイテムのある時点での単位時間当たりの故障発生数を**故障強度**とよんでいる．

> **例題 1.3**　あるアイテムが 4 個あり，それぞれ運用 3，6，9，13 時間で故障した．このアイテムの運用 5 時間ごとの故障率 $\lambda(t_i)$ を求めよ．
>
> ［解］式 (1.3) において，$\Delta t_i = 5$（ただし，$i = 1, 2, 3$）であり，故障率は，式 (1.3) より，
> 運用 0 時間，4 個中 1 個故障，$\lambda(0) = 1/(4 \times 5) = 0.05 = 5$ ％/時間
> 運用 5 時間，3 個中 2 個故障，$\lambda(5) = 2/(3 \times 5) \fallingdotseq 0.133 = 13.3$ ％/時間
> 運用 10 時間，最後の 1 個も故障，$\lambda(10) = 1/5 = 0.20 = 20$ ％/時間

■ 1.3.4 ■ アベイラビリティの定義

　『要求された外部資源が用意されたと仮定したとき，アイテムが与えられた条件で，与えられた時点，又は期間中，要求機能を実行できる状態にある能力』（JIS Z 8115 より）と定義されている**アベイラビリティ**は，信頼度と保全度を組み合わせて信頼性を評価する尺度である．7.3 節で説明するように，アイテムがある特定の時点において所定の機能を維持している確率を表すアベイラビリティには，いろいろな定義がある．最も基本的なアベイラビリティ A は，対象とする動作可能状態にある**アップ時間** t の，アップ時間と**動作不能時間**の合計である全時間 T に対する比であり，次のよう

に表される．

$$A = \frac{t}{T} \tag{1.4}$$

例題 1.4 あるアイテムは，1 日 22 時間稼動可能で，残りの 2 時間は点検時間である．このアイテムのアベイラビリティ A を求めよ．

[解] 全時間 24 時間のうち 22 時間は稼動しているので，アベイラビリティは，式 (1.4) より，

$$A = 22/24 \fallingdotseq 0.9167 = 91.67\,\%$$

演習問題 1

1.1 あるアイテム 10 台が，それぞれ運用 45，53，55，60，65，67，71，74，80，90 時間で故障した．このアイテムの運用 50，70，85 時間における信頼度 $R(t)$ を求めよ．

1.2 今週修理したあるアイテム 25 台の保全時間（単位：分）は次のとおりであった．この結果から，保全開始後 60 分における保全度 $M(60)$ を求めよ．
 20, 23, 25, 26, 27, 28, 29, 30, 36, 39, 42, 44, 46, 47, 50, 53, 56, 59, 62, 63, 65, 66, 69, 71, 73

1.3 あるアイテムが 5 台あり，それぞれ運用 38，45，55，64，69 時間で故障した．このアイテムの運用 10 時間ごとの故障率のうち，運用 40，60 時間における故障率 $\lambda(t)$ を求めよ．

1.4 あるアイテムの毎日のアップ時間，動作不能時間を 1 週間集計した結果（単位：時間）は表 1.1 のとおりであった．この結果から，アベイラビリティ A を求めよ．

表 1.1

	日	月	火	水	木	金	土
アップ時間	20	21	20	19	21	21	22
動作不能時間	4	3	4	5	3	3	2

第2章 確率と統計の基礎

確率と統計に関する基礎知識は，信頼性という定性的な尺度を信頼度として定量的に評価するために必要な道具である．確率と統計をあまり学んでいない読者，あるいはいくらか学んではいてもまだ慣れていない読者のために，信頼性工学への応用を念頭において，2.1 節で事象と確率の定義について説明し，2.2 節でデータの測度とその整理方法について述べ，2.3 節で確率変数と確率分布の基本的な関係について紹介する．

2.1 事象と確率

■ 2.1.1 ■ 数学的確率

トランプでキングを引く，くじ引きで当たりくじを引くなど，その結果が偶然性に支配されていろいろ変わる実験，観測，調査のことを**試行**という．試行の結果として起こることがらを**事象**といい，その起こる確かさを，数量的に表したものを**確率**という．理論的な確率の基礎である**数学的確率**（先験的確率）は，たとえば，さいころを用いて，次のように説明されている．

「さいころには目が 6 つあり，さいころを投げたとき，6 つの目のいずれかが出ることは，同程度に期待されるから，1 の目の出ることは全体の 1/6 の可能性が考えられ，このように考えた確率を数学的確率とよぶ」

一般論としては，起こり得るすべての場合が N 通りあって，これら N 通りはどの 2 つも同時に起こることはなく，それらの起こることが同様に確からしい，という試行をとりあげ，これら N 通りのうち，ある事象 E の起こる場合が R 通りあれば，事象 E の起こる確率は R/N であり，これを数学的確率という．数学的確率を $P(E)$ と表すと，次の性質がある．

① $P(E) = \dfrac{R}{N}$ (2.1)

② $0 \leqq P(E) \leqq 1$

③ $P(E) = 0$：事象 E が決して起こらないときの確率

④ $P(E) = 1$：事象 E が必ず起こるときの確率

なお，事象 E が起こらないということも 1 つの事象であり，これを普通 $\overline{E}$ と表し，事

象 $\overline{E}$ を事象 E の**余事象**という．このとき，事象 E の起こる確率を $P(E)$，事象 E の起こらない確率を $P(\overline{E})$ とすれば，次の関係が成立する．

$$P(E) + P(\overline{E}) = 1 \tag{2.2}$$

■ 2.1.2 ■ 統計的確率

数学的確率の定義に対して，データにもとづいて実証できる**統計的確率**（経験的確率）が定義される．たとえば，ある試行を十分大きいとみなせる n 回行ったとき，事象 E が r 回起こり，$r/n \fallingdotseq p$ となって一定であるなら，p を事象 E の統計的確率とよぶ．なお，この比 r/n を，事象 E の起こる**相対度数**ともいう．

十分大きい n 回の試行で事象 E が r 回起こったとすれば，事象 E が起こる統計的確率と数学的確率 $P(E)$ の間に，**大数の法則**とよばれる次の式が成立する．

$$P(E) \fallingdotseq \frac{r}{n} \tag{2.3}$$

大数の法則が成り立つとき，数学的確率と統計的確率とは等しくなり，一般には両者を区別せず，単に確率とよんでいる．

定性的に大数の法則を表したのが図 2.1 である．図 2.1 の全体領域には，十分大きいとみなせる白丸と黒丸が同じ数だけプロットしてあり，白丸の数学的確率 $p = 1/2$ である．この中から十分大きい領域 1, 2, 3, 4 を任意に選び出すとき，それぞれの領域での白丸の確率 p_1, p_2, p_3, p_4 は統計的確率であり，

$$p_1 \fallingdotseq p_2 \fallingdotseq p_3 \fallingdotseq p_4 \fallingdotseq \frac{1}{2}$$

という大数の法則が成り立つ．

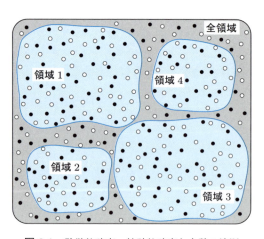

図 2.1 数学的確率，統計的確率と大数の法則

> **例題 2.1** ある工場で製造したアイテム 10000 個のうち, 9628 個が良品であった. このとき, (1) アイテムが良品である統計的確率 p, (2) アイテム 30000 個について期待できる良品数, (3) 良品 2500 個を確保するのに必要なアイテム数 N, を求めよ.
>
> [解] (1) 9628 個正常であったので, 良品の確率 p は, 式 (2.3) より,
> $$p = 9628/10000 = 0.9628 = 96.28\,\%$$
> (2) $30000 \times p = 28884$, よって期待できる良品数は, 28884 個
> (3) $0.9628N \geqq 2500$ 個が良品であればよいので, $N \geqq 2500/0.9628 = 2596.59\cdots$ より, 正整数の $N = 2597$ 個

■ 2.1.3 ■ 順列と組合せ

(1) 順 列

順列では, 異なる n 個のものから, 任意に r 個 $(1 \leqq r \leqq n)$ を取り出して 1 列に並べるとき, 異なる並べ方が何通りあるかということを考える. たとえば, 図 2.2 に示す異なる n 個のコインの並べ方を考えればわかるように, この順列の数 ${}_n\mathrm{P}_r$ は, 最初に選ぶコインは n 通りあり, 次は $(n-1)$ 通り, $(n-2)$ 通り, $\cdots$, $(n-r+1)$ 通りとなるので, 次式が得られる.

$$ {}_n\mathrm{P}_r = n(n-1)\cdots(n-r+1) = \frac{n!}{(n-r)!} \tag{2.4}$$

$r = n$ のときには, ${}_n\mathrm{P}_n = n!$ となる. なお, $0! = 1$ である.

n 個のうち, 同じものが, それぞれ p 個, q 個, $\cdots$, r 個ずつあり, $n = p + q + \cdots + r$ という関係があるとき, この順列の数は $\dfrac{n!}{p!q!\cdots r!}$ となる. さらに, 異なる n 個のものから 1 個を選ぶ試行を r 回行うときの重複順列の数 ${}_n\Pi_r$ は, n 通りが r 回だから, 次式となる.

$$ {}_n\Pi_r = n^r \tag{2.5}$$

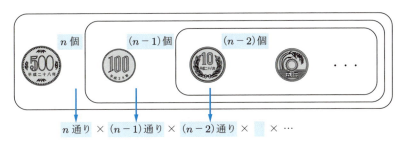

図 2.2 異なるコインの並べ方と選び方の概念

(2) 組合せ

並べ方ではなく異なる取り出し方の種類がいく通りあるかを考える場合には，その選び方を**組合せ**とよぶ．n 個の異なるものから r 個を選び出す組合せの数 $_n\mathrm{C}_r$ は，次のように求めることができる．

$_n\mathrm{C}_r$ 個の組合せのそれぞれについて，選び出した r 個の間で順列を考えれば $r!$ 通りの順列がある．そして，これら $_n\mathrm{C}_r r!$ 通りの順列が，n 個のものから r 個とって作った $_n\mathrm{P}_r$ 個の順列のすべてを与えるので，

$$_n\mathrm{C}_r r! = {}_n\mathrm{P}_r$$

が成立する．よって，求める組合せの数は，次式となる．

$$\binom{n}{r} = {}_n\mathrm{C}_r = \frac{{}_n\mathrm{P}_r}{r!} = \frac{n!}{(n-r)!r!} \tag{2.6}$$

例題 2.2 10 個のアイテム中に故障しているアイテムが 3 個ある．この 10 個から 3 個を任意に選ぶとき，故障しているアイテムを 2 個選び出す確率 P を求めよ．

［解］全 10 個のアイテムの中から 3 個を選ぶとき，起こり得る場合の数は $_{10}\mathrm{C}_3$ 通りである．このとき，故障している 3 個の中から 2 個を選び，故障していない 7 個の中から 1 個を選ぶ場合の数は $_3\mathrm{C}_2 \times {}_7\mathrm{C}_1$ 通りなので，求める確率は，

$$P = \frac{{}_3\mathrm{C}_2 \times {}_7\mathrm{C}_1}{{}_{10}\mathrm{C}_3} = \frac{3 \times 7}{120} = 0.175 = 17.5\ \%$$

■ 2.1.4 ■ 独立試行の確率

n 個の事象 $E_1, E_2, \cdots, E_n$ があって，そのいずれの事象の生起も，他の事象の生起に影響されないとき，n 個の事象 $E_1, E_2, \cdots, E_n$ はたがいに**独立**であるといい，$E_1, E_2, \cdots, E_n$ を独立事象という．たとえば，コイン投げなら，表が出る，裏が出るという 2 つの事象が他の事象の生起に影響されないので，この 2 つの事象は独立事象である．また，1 枚のコインを繰り返し投げる，袋から球を取り出しては戻す行為を繰り返す（**復元抽出**）など，同じ条件の下で繰り返す**反復試行**において，毎回の事象が独立ならば，この試行を**独立試行**という．

たがいに独立な 2 つの事象 E, F について，
① そのうちどちらか一方は必ず起こり
② 一方が起これば，他方は決して起こらない

とき，事象 E の起こる確率を $P(E)$，事象 F の起こる確率を $P(F)$ と表すと，

$$P(E) + P(F) = 1 \tag{2.7}$$

が成立する．式 (2.2) の関係と等しい式 (2.7) が成立するとき，2 つの事象 E, F は，たがいに他の余事象である．

■ 2.1.5 ■ 確率の加法定理

ある条件を満たす事象の集まりである集合 N の中の 2 事象 E, F に対して，

① $E \cup F$（和集合：cup）：E, F の少なくとも 1 つが起こる
② $E \cap F$（積集合：cap）：E, F の両方とも起こる

場合を考える．事象 E, F の少なくとも 1 つが起こるという確率 $P(E \cup F)$ は，図 2.3 に示す概念であり，事象 E が起こるという確率 $P(E)$ と事象 F が起こるという確率 $P(F)$ の和から，重なっている濃い青色部分である事象 E, F の両方とも起こるという確率 $P(E \cap F)$ を引いたもので，次式となる．

$$P(E \cup F) = P(E) + P(F) - P(E \cap F) \tag{2.8}$$

これを**確率の加法定理**という．

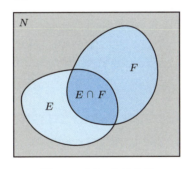

図 2.3　確率の加法定理

さらに，集合 N の中の 3 事象 A, B, C の起こる確率を，それぞれ $P(A)$, $P(B)$, $P(C)$ と表すなら，事象 A, B, C のうち少なくとも 1 つが起こるという確率 $P(A \cup B \cup C)$ は，次のようになる．

$$\begin{aligned} P(A \cup B \cup C) =& P(A) + P(B) + P(C) \\ & - P(A \cap B) - P(B \cap C) - P(C \cap A) \\ & + P(A \cap B \cap C) \end{aligned} \tag{2.9}$$

一般に，ある試行によって起こる n 個の事象 E_1, E_2, $\cdots$, E_n があって，このうち 1 つが起これば，他は決して起こらないとき，たがいに**排反**であるといい，これら

の事象を排反事象という．E と F がたがいに他の余事象ならば，E と F は，たがいに排反する．

排反事象 E, F について，事象 E, F が同時に起こらないということは，集合の書き方で，次のように表される．

$$E \cap F = \phi \quad (\text{場合がない：空集合}) \tag{2.10}$$

排反事象 E, F では，E または F のいずれかが起こるという事象 $E \cup F$ の起こる確率 $P(E \cup F)$ は，図 2.4 のとおり重なる部分がなく $P(E \cap F) = 0$ だから，次式となる．

$$P(E \cup F) = P(E) + P(F) \tag{2.11}$$

これは，事象 E, F が排反である場合の加法定理である．それゆえ，事象 E_1, E_2, $\cdots$, E_n が排反であるとき，次式が成り立つ．

$$P(E_1 \cup E_2 \cup \cdots \cup E_n) = P(E_1) + P(E_2) + \cdots + P(E_n) \tag{2.12}$$

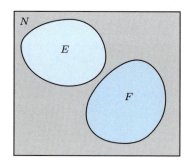

図 2.4　排反事象の加法定理

■ 2.1.6 ■ 確率の乗法定理

(1)　従属事象

事象 E の生起によって事象 F の起こる確率が，つねに一定ではなく異なるとき，すなわち，たがいに独立ではないとき，事象 F は事象 E に**従属**するといい，事象 F は事象 E の従属事象であるという．その一例が，球を戻すことなく袋から取り出すことを続ける試行（**非復元抽出**）である．ここでは，2 つの事象 E, F だけに着目して，それがともに起こる確率 $P(E \cap F)$ について検討する．

最初に，起こり得る場合すべての集合を N とし，たとえば，図 2.5 に定性的に示す分布をもつたがいに従属している 2 事象 E と F の起こる集合と，それぞれの余事象 $\overline{E}$ と $\overline{F}$ の集合の組合せを考える．このとき，事象 E と F が起こる，起こらないについて分けると，集合 N は，次の 4 つに区分される．

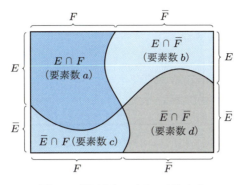

図 2.5 従属事象の確率の乗法定理

① $E \cap F$：E も F も起こる
② $E \cap \overline{F}$：E が起こり，F は起こらない
③ $\overline{E} \cap F$：E が起こらず，F が起こる
④ $\overline{E} \cap \overline{F}$：$E$ も F も起こらない

いま，図 2.5 に示す各集合の要素の数を，それぞれ a, b, c, d とすると，集合 N の要素の数は $n = a + b + c + d$ となり，E が起こる確率 $P(E)$ は，

$$P(E) = \frac{a+b}{n} \tag{2.13}$$

であり，① の E も F もともに起こる確率 $P(E \cap F)$ は，

$$P(E \cap F) = \frac{a}{n} \tag{2.14}$$

となる．ここで，E が起こったという条件の下で F の起こる確率を事象 F の**条件付確率**といい，$P(F|E)$ と表すと，次式を得る．

$$P(F|E) = \frac{a}{a+b} \tag{2.15}$$

したがって，事象 F が事象 E に従属するとき，E, F がともに起こる確率 $P(E \cap F)$ は，式 (2.13)～(2.15) より，次の関係となる．

$$P(E \cap F) = P(E)P(F|E) \tag{2.16}$$

これが，従属事象における**確率の乗法定理**である．

(2) 独立事象

図 2.6 に示すのは，たがいに独立である 2 事象 E と F の定性的な分布である．このとき，E が起きたときに F が起こる確率と，$\overline{E}$ が起きたときに F が起こる確率は，それぞれ

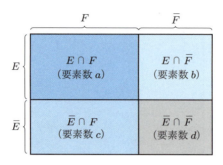

図 2.6 独立事象の確率の乗法定理

$$P(F|E) = \frac{a}{a+b}, \qquad P(F|\overline{E}) = \frac{c}{c+d}$$

となる．E，F がたがいに独立であるから，図 2.6 に示すように，

$$P(F|E) = P(F|\overline{E}) = P(F)$$

が成立し，式 (2.16) より，次の関係が得られる．

$$P(E \cap F) = P(E)P(F) \tag{2.17}$$

一般に，n 個の独立事象 E_1, E_2, $\cdots$, E_n があるとき，E_1, E_2, $\cdots$, E_n がともに起こる確率は，次のように表される．

$$P(E_1 \cap E_2 \cap \cdots \cap E_n) = P(E_1)P(E_2)\cdots P(E_n) \tag{2.18}$$

これが，独立事象における確率の乗法定理である．

例題 2.3 ある品物を製造したとき，A 工場のアイテムには 2 ％，B 工場のアイテムには 5 ％の不合格品を含んでいる．A 工場のアイテム 100 個，B 工場のアイテム 150 個を混ぜた 250 個中から任意にアイテムを取り出すとき，(1) 1 個を取り出したとき，それが A 工場の合格品である確率 P_1，(2) 1 個を取り出したとき，それが合格品である確率 P_2，(3) 順番に 2 個取り出したとき，1 個目が A 工場の合格品で，2 個目が B 工場の合格品である確率 P_3，を求めよ．

[解] (1) アイテム 250 個の中から A 工場のアイテムを選ぶ確率は 100/250．A 工場のアイテムの合格品の確率は 0.98．ゆえに，式 (2.17) より，

$$P_1 = 100/250 \times 0.98 = 0.392 = 39.2\ \%$$

(2) A 工場と B 工場の合格品 1 個を取り出す事象はたがいに排反事象であり，前者の確率は 0.392，後者の確率は，$150/250 \times 0.95 = 0.57$．ゆえに，

$$P_2 = 0.392 + 0.57 = 0.962 = 96.2\ \%$$

(3) 1個目にA工場の合格品を取り出す確率は 0.392, 2個目にB工場の合格品を取り出す確率は, $150/249 \times 0.95 \fallingdotseq 0.5723$. ゆえに, 式 (2.16) より,

$$P_3 = 0.392 \times 0.5723 \fallingdotseq 0.2243 = 22.43\ \%$$

■ 2.1.7 ■ 反復試行の確率

(1) 考え方

同じ試行を繰り返し行う**反復試行**で, 1回目の試行 T_1 に関する事象を E_1, 2回目の試行 T_2 に関する事象を E_2, $\cdots$, n 回目の試行 T_n に関する事象を E_n とする. このとき, n 個の事象 E_1, E_2, $\cdots$, E_n はたがいに独立であるので, 独立事象における確率の乗法定理である式 (2.18) が成り立つ.

たとえば, A工場製のアイテムが4個, B工場製のアイテムが6個入っている袋からアイテム1個ずつ4回復元抽出する反復試行において, A工場製のアイテムを2回取り出す確率 P を考える. k 回目 ($1 \leqq k \leqq 4$) の試行において, A工場製のアイテムを取り出す事象を E_k とすると, B工場製のアイテムを取り出す事象は余事象 $\overline{E}_k$ となり, それぞれの確率は $P(E_k) = 0.4$, $P(\overline{E}_k) = 0.6$ である. 4回中2回だけA工場製のアイテムを取り出す事象を, 何回目に取り出すかでその組合せを区別すると

$$E_1 \cap E_2 \cap \overline{E}_3 \cap \overline{E}_4,\quad E_1 \cap \overline{E}_2 \cap E_3 \cap \overline{E}_4,\quad \cdots,\quad \overline{E}_1 \cap \overline{E}_2 \cap E_3 \cap E_4$$

であり, 全部で $_4\mathrm{C}_2 = 6$ 通りある. このとき, 代表例として $E_1 \cap E_2 \cap \overline{E}_3 \cap \overline{E}_4$ となる確率を求めると, 式 (2.18) より, 次の結果を得る.

$$P(E_1 \cap E_2 \cap \overline{E}_3 \cap \overline{E}_4) = P(E_1)P(E_2)P(\overline{E}_3)P(\overline{E}_4) = 0.4^2 \times 0.6^2 = 0.0576$$

他の5通りの事象が起こる確率も同じ値で, これらの事象はたがいに排反であるから, 求める確率 P は次のようになる.

$$P = {}_4\mathrm{C}_2 \times 0.4^2 \times 0.6^2 = 0.3456$$

(2) 1回生起確率

したがって, n 回の独立試行において, 事象 E が k 回, 余事象 $\overline{E}$ が $(n-k)$ 回起こる確率 P は, 次の関係で表される.

$$P = 組合せの数 \times 事象 E が k 回起こる確率 \times 余事象 \overline{E} が (n-k) 回起こる確率$$

すなわち, 独立試行 T を1回行うとき, 事象 E の起こる確率を p, 起こらない確率を

$q\,(=1-p)$ とすれば,n 回の試行で,事象 E の起こる場合が,ちょうど $k\,(0\leqq k\leqq n)$ 回である確率 P は,n 回中 k 回事象 E を選び出す場合の数が ${}_n\mathrm{C}_k$ 通りで,かつ,k 回事象 E の起こる確率 p^k と,残りの $(n-k)$ 回事象 E の起こらない確率 q^{n-k} の積で与えられるので,反復試行の確率は次式となる.

$$P = \binom{n}{k} p^k q^{n-k} = {}_n\mathrm{C}_k p^k q^{n-k} = \frac{n!}{(n-k)!k!} p^k q^{n-k} \tag{2.19}$$

(3) 複数回生起確率

一般に,事象 E の生起が k 回 $(0 \leqq k \leqq n)$ 以内である確率 P は,上述の結果より,

$$P = \sum_{r=0}^{k} \binom{n}{r} p^r q^{n-r} \tag{2.20}$$

と表される.式 (2.20) は,次式の二項定理の展開式

$$(p+q)^n = \sum_{k=0}^{n} {}_n\mathrm{C}_k p^k q^{n-k} \tag{2.21}$$

で,$r=0$ から k までの一般項の和に対応している.

例題 2.4 あるアイテムのロット(等しい条件下で生産されたとみなせるアイテムの集まり)は 10 % の不良品を含んでいる.これから任意に 5 個を取り出すとき,(1) 2 個が不良品である確率 P_1,(2) 3 個以上が不良品である確率 P_2,を求めよ.

[解] (1) このアイテム 1 個を任意に選んだとき,不良品の確率 $p=1/10$,良品の確率 $q=9/10$ なので,求める確率は,式 (2.19) より,

$$P_1 = {}_5\mathrm{C}_2 \left(\frac{1}{10}\right)^2 \left(\frac{9}{10}\right)^3 = \frac{5!}{3!2!} \times \frac{9^3}{10^5} = 0.0729 = 7.29\,\%$$

(2) 3 個以上不良品となるのは,不良品が 3, 4, 5 個の 3 通りの場合であるので,求める確率は,式 (2.20) より,

$$P_2 = \sum_{k=3}^{5} \binom{5}{k} p^k q^{5-k} = \frac{10 \times 9^2 + 5 \times 9 + 1}{10^5} = 0.00856 = 0.856\,\%$$

2.2 データの整理

2.2.1 標本調査

さいころを投げて出る目の数を当てることを考えるとき,1 から 6 の目の出る確率

は等しいので，何回も試みた結果を整理すれば，その回数はほぼ同数になることを誰もが経験的に知っている．また，スポーツに対する好みは一人ひとり違っていても，世の中で流行っているスポーツの人気度というものは，なんとなく感じるものである．このように，全体としては何らかの規則性を認めることができるが，一つ一つは不確実な現象に関係している数量を，**変量**あるいは**変数**とよぶ．ある集団についてのこういった変数についての規則性を観察によって見つけ，必要な情報を把握するために行うものが**統計調査**である．

統計調査には，対象とする集団すべてを調べる全数調査と，集団の中から抜き出した一部分だけの調査で全体を推測する**標本調査**（一部調査）とがある．一般に，調査の対象となる集団全体を**母集団**，調査のために抜き出されたデータを**サンプル**（**標本**）といい，母集団からサンプルを抜き出すことを**抽出**という．その概念を図 2.7 に示す．サンプルが母集団から公平に抽出されるように，母集団の中から個々のサンプルを同じ確率で抽出する方法を**任意抽出**という．任意抽出されたサンプルは任意標本であり，このサンプルを用いて統計調査を行う．

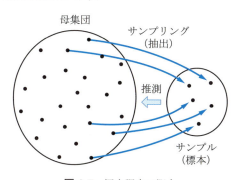

図 2.7　標本調査の概念

標本調査で抽出された数値で表されるサンプルをさしている変数に着目すると，規定の期間，規定の条件で求めた**観測値**は一定値ではなく，ある確率法則に従って分布することが考えられ，これを**確率変数**という．見方を変えると，確率変数のとり得る値の全体が母集団を表し，観測によって得られた数値がサンプルとなる．このとき，観測値の個数を，**サンプルサイズ**（**標本の大きさ**）という．

■ 2.2.2 ■ 度数分布

観測した変数を整理し，評価するために，しばしば**度数分布表**が用いられる．これは，適宜選んだ区間（**階級**あるいは**級間**）によってデータをいくつかに区分した後，各階級に属するデータの個数（**度数**）を数え，その結果を表に示したものである．なお，

各階級を代表する変数の値を**階級値**といい，これには階級の中点の値を用いることが多い．

度数分布表の一例として，ある工場におけるあるアイテムの点検時間の測定結果について，10分刻みの階級 x_i（ただし，$i = 1, 2, \cdots, n$）を用いて測定し，各 x_i の観測した度数 r_i をまとめた度数分布と累積度数分布を，表 2.1 に示す．表 2.1 で，たとえば階級 x_2 は 10 分以上 20 分未満であり，最後の x_{10} は 90 分以上 100 分以下である．なお，**累積度数**は，度数の階級 x_i までの r_i の累計値 c_i であって，次式となる．

$$c_i = \sum_{k=1}^{i} r_k \quad (1 \leqq i \leqq n) \tag{2.22}$$

ここで，度数分布表において，度数を総度数 N で割った相対度数 p_i,

$$p_i = \frac{r_i}{N} \quad \left(N = \sum_{i=1}^{n} r_i \right) \tag{2.23}$$

で書き換えれば，相対度数分布表となり，確率を表す相対度数の総和はつねに 1 となる．相対度数分布表は，総度数の異なる同じ種類あるいは類似のデータの分布を比較するのに便利である．

表 2.1　あるアイテムの点検時間の度数分布表

階　級	0〜10	10〜20	20〜30	30〜40	40〜50	50〜60	60〜70	70〜80	80〜90	90〜100	合計
度　数	0	1	2	3	9	13	12	4	1	0	45
累積度数	0	1	3	6	15	28	40	44	45	45	45

図 2.8 に示す**ヒストグラム**（**柱状グラフ**）は，表 2.1 に示す階級（点検時間）を横軸，度数を縦軸にとり，長方形の縦と横を，それぞれ度数と級間に対応させて描いた図であり，度数分布をグラフに表したものである．このヒストグラムの長方形の上底の中点（階級値）を順に結ぶと，図 2.8 に破線であわせ示す**度数分布多角形**とよばれる折れ線グラフとなる．度数のかわりに累積度数を縦軸にとってグラフを描けば，図 2.9 に示す**累積度数多角形**になる．累積度数多角形は，あるデータが全体のどの部分に位置するかという相対位置を判断するのに便利である．

■ 2.2.3 ■ 代表値

整理したデータの特徴を度数分布表は十分表しているが，2 つ以上の分布の結果を比較する場合には，分布全体を 1 つの値で代表させる指標を考えると便利な場合が多い．この代表値としてよく用いられる指標には，**メジアン**（**中央値**），**モード**（**最頻値**），**平均**（**期待値**）がある．これらを説明するにあたり，以下では，変数 X が必ず

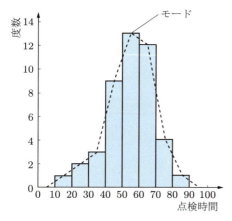
図 2.8 ヒストグラムと度数分布多角形

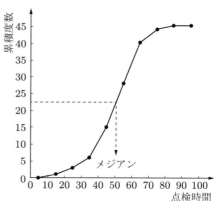
図 2.9 累積度数多角形

$x_1, x_2, \cdots, x_n$ のいずれか 1 つだけの値をとり，それらの値に対する度数を r_i（ただし，$i = 1, 2, \cdots, n$），変数の総度数を N，相対度数を p_i とする．

(1) メジアン（中央値）

観測した変数を大きさの順に並べたとき，ちょうど中央にある値をメジアン（中央値）といい，データの集団的特徴を表す代表値の 1 つである．表 2.1 の結果では，総度数が 45 なので，図 2.9 に示すように累積度数が 23 のときの値である．ここで，累積度数 15 で 50 分未満，累積度数 28 で 60 分未満となるので，階級を比例配分計算すると，メジアン M_e は，次のようになる．

$$M_e = 50 + 10 \times \frac{23 - 15}{28 - 15} = 56.153 \cdots \text{分}$$

(2) モード（最頻値）

モード（最頻値）とは，観測した変数の度数が最も多く現れる階級値のことである．階級のとり方によって値は変化するが，メジアン同様に分布の集団的特徴を表す代表値として知られている．表 2.1 の結果では，図 2.8 に示すように，モード M_o は最も頻度の多い階級 50〜60 の階級値である $M_o = 55$ 分となる．

(3) 平均（期待値）

全観測値を合算して，総度数 N で割った値，

$$E[X] = \frac{x_1 r_1 + x_2 r_2 + \cdots + x_n r_n}{r_1 + r_2 + \cdots + r_n} = \frac{\sum_{i=1}^{n} x_i r_i}{N} \tag{2.24}$$

を平均または期待値といい，$E[X]$ と表す．ここで，相対度数 p_i を用いて式 (2.24) を

書きなおせば，次のようになる．

$$E[X] = x_1 p_1 + x_2 p_2 + \cdots + x_n p_n = \sum_{i=1}^{n} x_i p_i \tag{2.25}$$

なお，相対度数を**確率関数**ということもある．

例題 2.5 あるアイテム 30 個の疲労試験（壊れるまでの，一定の引張力と圧縮力を交互に加えた回数を測定する試験）を行って，疲労寿命 N_f（単位：cycle）を測定し，次の結果を得た．このアイテムの，(1) 疲労寿命の平均 $\overline{N}_f$，(2) メジアン M_e，(3) 階級を 1000 cycle としたときのモード M_o，を求めよ．

7230, 6560, 10800, 10990, 3200, 5520, 8680, 4650, 7810, 5320, 10080, 7260, 3600, 5640, 7050, 6650, 7180, 5840, 7500, 10310, 4630, 9020, 7620, 10040, 8860, 9200, 7420, 9350, 10400, 9530

[解] 測定結果を 1000 cycle の階級で整理すると，表 2.2 の度数分布表を得る．したがって，
(1) 疲労寿命の平均は，式 (2.24) より，$\overline{N}_f = 227940/30 = 7598$ cycle
(2) メジアンは，15 番目の 7420 と 16 番目の 7500 の平均で，$M_e = 7460$ cycle
(3) モードは，度数が最も多いときで，$M_o = 7500$ cycle

表 2.2

階級 [cycle]	3000〜4000	4000〜5000	5000〜6000	6000〜7000	7000〜8000	8000〜9000	9000〜10000	10000〜11000	合計
度数	2	2	4	2	8	2	4	6	30

■ 2.2.4 ■ 散布度

散布度は，代表値では把握できない整理した観測値の散らばり度合いを，定量的に表すために用いる．この指標には，**範囲**，**偏差**，**分散**，**標準偏差**などがある．ここでも，ある確率変数 X が必ず $x_1, x_2, \cdots, x_n$ のいずれか 1 つだけの値をとり，それらの値に対する度数を r_i（ただし，$i = 1, 2, \cdots, n$），変数の総度数を N，相対度数を p_i とする．

(1) 範 囲

観測した変数が分布している幅のことを範囲といい，その最大値が a，最小値が b のとき，図 2.10 に示すように，範囲 h は，

$$h = a - b \tag{2.26}$$

となる．(3) で説明する標準偏差に比べ，計算が楽な指標である．

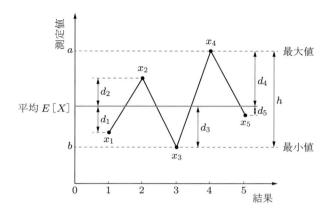

図 2.10 ある測定値における散布度の関係

(2) 偏差

観測した確率変数 X の平均を $E[X] = \mu$ とするとき,図 2.10 に示すように,変数 x_i の偏差 d_i を,

$$d_i = x_i - \mu \tag{2.27}$$

と表す.偏差は,観測値の平均からの離れ具合を表す指標の 1 つである.

(3) 標準偏差

(2) に示した偏差 d_i の平均 $\overline{d}$ は,平均の定義から $\overline{d} = 0$ なので,データ自体の散らばり具合の目安とすることはできない.そこで,分散 $\sigma^2 = V[X]$ という偏差の平方 $d_i{}^2 = (x_i - \mu)^2$ の平均,

$$\sigma^2 = V[X] = E[(X-\mu)^2] = \frac{1}{N}\sum_{i=1}^{n}(x_i-\mu)^2 r_i = \sum_{i=1}^{n}(x_i-\mu)^2 p_i \tag{2.28}$$

を取り上げる.この分散の平方根 $\sigma = \sqrt{V[X]}$ が標準偏差であり,散布度を評価するよく知られた指標である.したがって,標準偏差 σ は,次式となる.

$$\sigma = \sqrt{V[X]} = \sqrt{\frac{1}{N}\sum_{i=1}^{n}(x_i-\mu)^2 r_i} = \sqrt{\sum_{i=1}^{n}(x_i-\mu)^2 p_i} \tag{2.29}$$

(4) 変動係数

異なった場所での調査結果は,同じ条件であるといっても,平均,標準偏差ともに異なることが予想される.このような場合には,全観測値を直接比較して,その特徴

を判断することが困難である．そこで，標準偏差 σ を平均 μ で割って無次元化した**変動係数** η を判断の目安として用いることもある．

$$\eta = \frac{\sigma}{\mu} \tag{2.30}$$

変動係数は，たとえば，異なる量の散布度，異なる測定条件下の測定値の散布度などを比較し，散らばり具合を評価するのに有効な指標となる．さらには，系統だった変動係数の比較によって，相対的な散布度の変化を把握し，そこに隠されている問題点を明確にしたり，データから推定した特性値の経時的な変化や条件の変化に対する安定性の判定に用いると便利な場合が多い．

例題 2.6 あるアイテム 20 台それぞれの廃棄までの保全数は，以下に示す件数であった．保全数の (1) 範囲 h, (2) 平均 μ, (3) 標準偏差 σ, (4) 変動係数 η, を求めよ．
　　38, 61, 52, 14, 69, 84, 55, 62, 65, 27, 52, 53, 76, 45, 71, 56, 60, 40, 46, 74

[解] (1) 最少 14 件，最大 84 件だから範囲は，式 (2.26) より，$h = 70$ 件
(2) アイテムの総数 $N = 20$ で，平均は，式 (2.24) より，$\mu = 1100/20 = 55$ 件
(3) 分散は，式 (2.28) より，$\sigma^2 = 274.4$ なので，標準偏差は，$\sigma \fallingdotseq 16.565$ 件
(4) 変動係数は，式 (2.30) より，$\eta \fallingdotseq 0.3012$

2.3　確率変数と確率分布

2.3.1　確率変数の平均と分散

さて，ある確率変数のとる値に対応する確率の分布を示したものを**確率分布**という．ここで，確率変数 X の確率分布が表 2.3 のように表されているとする．

表 2.3

X の値	x_1	x_2	x_3	$\cdots$	計
確　率	p_1	p_2	p_3	$\cdots$	1

このとき，確率変数 X の平均 $E[X]$ は式 (2.25) であり，分散 σ^2 は式 (2.28) を展開すると，次の式となる．

$$\sigma^2 = V[X] = E[(X-\mu)^2] = \sum_{i=1}^{\infty}(x_i - \mu)^2 p_i = \sum_{i=1}^{\infty}(x_i{}^2 - 2\mu x_i + \mu^2) p_i$$
$$= \sum_{i=1}^{\infty} x_i{}^2 p_i - \mu^2 \sum_{i=1}^{\infty} p_i = E[X^2] - E[X]^2 \tag{2.31}$$

ところで，確率変数が $aX + b$（ただし，a, b は定数）と表されるときには，その平

均 $E[aX+b]$ は

$$E[aX+b] = \sum_{i=1}^{\infty}(ax_i+b)p_i = a\sum_{i=1}^{\infty}x_i p_i + b\sum_{i=1}^{\infty}p_i = aE[X]+b \quad (2.32)$$

であり，対応する分散 $V[aX+b]$ は，次式となる．

$$V[aX+b] = \sum_{i=1}^{\infty}\{(ax_i+b)-(a\mu+b)\}^2 p_i$$
$$= a^2\sum_{i=1}^{\infty}(x_i-\mu)^2 p_i = a^2\sigma^2 \quad (2.33)$$

■ 2.3.2 ■ 2つのデータを混合した場合の平均と標準偏差

ある確率変数における平均と標準偏差の関係を式 (2.29) は表しているが，この式を利用する場合だけでなく，異なるデータ間の平均と標準偏差の関係を評価することが必要になる場合は多々ある．

いま，確率変数 X の m 個のデータ $x_1, x_2, \cdots, x_m$ の平均および標準偏差をそれぞれ μ_X, σ_X，また，確率変数 Y の n 個のデータ $y_1, y_2, \cdots, y_n$ の平均および標準偏差をそれぞれ μ_Y, σ_Y とし，これらを混ぜ合わせた総数 $N(=m+n)$ 個のデータ $x_1, x_2, \cdots, x_m, y_1, y_2, \cdots, y_n$ の平均および標準偏差を μ_T, σ_T とする．このとき，式 (2.24) の平均の定義より

$$N\mu_T = \sum_{i=1}^{m}x_i + \sum_{i=1}^{n}y_i = m\mu_X + n\mu_Y$$

が成り立つので，確率変数 X と Y を混合したものの平均 μ_T は，次式となる．

$$\mu_T = \frac{m\mu_X + n\mu_Y}{N} \quad (2.34)$$

次に，標準偏差 σ_T は，式 (2.29) の関係より，次式で表すことができる．

$$\sigma_T = \sqrt{\frac{1}{N}\left\{\sum_{i=1}^{m}(x_i-\mu_T)^2 + \sum_{i=1}^{n}(y_i-\mu_T)^2\right\}}$$

ここで，平均の定義より $\sum_{i=1}^{m}(x_i-\mu_X) = 0$ であるので

$$\sum_{i=1}^{m}(x_i-\mu_T)^2 = \sum_{i=1}^{m}\{(x_i-\mu_X)+(\mu_X-\mu_T)\}^2$$

$$= \sum_{i=1}^{m}(x_i - \mu_X)^2 + \sum_{i=1}^{m}(\mu_X - \mu_T)^2$$

$$= m\sigma_X{}^2 + m(\mu_X - \mu_T)^2$$

となる.同様にして,

$$\sum_{i=1}^{n}(y_i - \mu_T)^2 = n\sigma_Y{}^2 + n(\mu_Y - \mu_T)^2$$

の関係を得ることができるので,標準偏差 σ_T は次式となる.

$$\sigma_T = \sqrt{\frac{1}{N}\{m\sigma_X{}^2 + n\sigma_Y{}^2 + m(\mu_X - \mu_T)^2 + n(\mu_Y - \mu_T)^2\}} \quad (2.35)$$

さらに,式 (2.34) の関係から,

$$\mu_X - \mu_T = \frac{n(\mu_X - \mu_Y)}{N}, \qquad \mu_Y - \mu_T = \frac{m(\mu_Y - \mu_X)}{N}$$

を得ることができるので,これを式 (2.35) に適用すると,次のようになる.

$$\sigma_T = \sqrt{\frac{1}{N}\left\{m\sigma_X{}^2 + n\sigma_Y{}^2 + \frac{mn}{N}(\mu_X - \mu_Y)^2\right\}} \quad (2.36)$$

式 (2.34) および式 (2.36) は,異なる確率変数のデータを混合して得られる確率変数の平均と標準偏差を与える,基本的な関係式である.

例題 2.7 旋盤工 A と B の 2 人に,直径 50 mm になるように加工させた各 10 本の丸棒の直径(単位:mm)は,表 2.4 のとおりであった.このとき,(1) A,B それぞれの平均 μ_A,μ_B と標準偏差 σ_A,σ_B を求め,どちらが優れているか,判定せよ.さらに,(2) 求めた A,B それぞれの平均と標準偏差を用いて,A,B 両人が加工した合計 20 本の丸棒の直径の平均 μ と標準偏差 σ を求めよ.

表 2.4

| A | 50.07 | 49.96 | 50.05 | 49.88 | 50.09 | 50.07 | 49.94 | 50.03 | 49.96 | 50.05 |
| B | 49.98 | 50.06 | 49.99 | 50.01 | 50.02 | 50.04 | 50.03 | 49.98 | 49.97 | 50.02 |

[解] (1) 旋盤工 A,B の加工した丸棒直径の平均は,式 (2.24) より,$\mu_A = 50.01$ mm,$\mu_B = 50.01$ mm,標準偏差は式 (2.29) より,$\sigma_A = 0.06633$ mm,$\sigma_B = 0.02793$ mm となる.したがって,平均は同じであるが,標準偏差の少ない B のほうが優れているといえる.
(2) すべての丸棒の平均と標準偏差は,それぞれ式 (2.34) と式 (2.36) より,

$$\mu = \frac{10 \times 50.01 + 10 \times 50.01}{20} = 50.01 \text{ mm}$$

$$\sigma = \sqrt{\frac{1}{20}\left\{10 \times 0.06633^2 + 10 \times 0.02793^2 + \frac{10 \times 10}{20}(50.01 - 50.01)^2\right\}}$$
$$\fallingdotseq \sqrt{0.002590} \fallingdotseq 0.0509 \text{ mm}$$

■ 2.3.3 ■ 2つの確率変数の和の平均と標準偏差

(1) 2変数の確率分布

いま，2つの確率変数 X，Y があり，確率変数 X は m 個の値 x_1, x_2, $\cdots$, x_m，確率変数 Y は n 個の値 y_1, y_2, $\cdots$, y_n をとるものとする．このとき，(X, Y) の値の組合せは mn 通りであり，$X = x_i$，$Y = y_j$ となる確率を，

$$P(X = x_i, Y = y_j) = r_{ij}$$

と表すと，表2.5に示すように整理できる．なお，X だけを考えるとき，$X = x_i$ となる場合の確率は，次の式で表される．

$$P(X = x_i) = r_{i1} + r_{i2} + \cdots + r_{in} = p_i$$

この $X = x_i$ であるときに $Y = y_j$ となる確率は，$X = x_i$ の条件の下で $Y = y_i$ の起こる確率と考えることができ，これを条件付確率の式 (2.15) を参照して $P(Y = y_j | X = x_i)$ と表すと，次式が成立する．

$$P(Y = y_j | X = x_i) = \frac{P(X = x_i, Y = y_j)}{P(X = x_i)} = \frac{r_{ij}}{p_i}$$

ここで，Y が X に対して独立であるという条件は，Y がある値をとる確率が，X のとる値に無関係ということである．したがって，すべての x_i に対して，

$$P(Y = y_j | X = x_i) = P(Y = y_j) = q_j$$

表 2.5

Y \ X	y_1	y_2	$\cdots$	y_n	計
x_1	r_{11}	r_{12}	$\cdots$	r_{1n}	p_1
x_2	r_{21}	r_{22}	$\cdots$	r_{2n}	p_2
$\cdots$	$\cdots$	$\cdots$	$\cdots$	$\cdots$	$\cdots$
x_m	r_{m1}	r_{m2}	$\cdots$	r_{mn}	p_m
計	q_1	q_2	$\cdots$	q_n	1

が成立する．すなわち，表 2.5 に示す関係において，

$$r_{ij} = p_i q_j \tag{2.37}$$

の関係が成り立つ．X でなく，Y に着目しても，同様な結果を得る．

(2) 2 変数の和の平均

表 2.5 に示した確率変数 X，Y の平均は，それぞれ式 (2.25) より

$$E[X] = \sum_{i=1}^{m} x_i p_i, \qquad E[Y] = \sum_{j=1}^{n} y_j q_j$$

である．また，確率変数 $X+Y$ の平均は，値 $x_i + y_j$ に対する確率が r_{ij} なので，

$$E[X+Y] = \sum_{i=1}^{m}\sum_{j=1}^{n}(x_i+y_j)r_{ij} = \sum_{i=1}^{m}\sum_{j=1}^{n}x_i r_{ij} + \sum_{i=1}^{m}\sum_{j=1}^{n}y_j r_{ij}$$
$$= \sum_{i=1}^{m}\left(x_i \sum_{j=1}^{n} r_{ij}\right) + \sum_{j=1}^{n}\left(y_j \sum_{i=1}^{m} r_{ij}\right)$$

となり，

$$\sum_{j=1}^{n} r_{ij} = p_i, \qquad \sum_{i=1}^{m} r_{ij} = q_j$$

の関係を適用すると，次の関係式を得る．

$$E[X+Y] = \sum_{i=1}^{m} x_i p_i + \sum_{j=1}^{n} y_j q_j = E[X] + E[Y] \tag{2.38}$$

(3) 2 変数の積の平均

たがいに独立な 2 つの確率変数 X と Y の積 XY についても，値 $x_i y_j$ に対する確率が r_{ij} だから，その平均は，

$$E[XY] = \sum_{i=1}^{m}\sum_{j=1}^{n} x_i y_j r_{ij}$$

となる．一般に，この関係式は，X の平均と Y の平均の積，

$$E[X]E[Y] = \sum_{i=1}^{m} x_i p_i \sum_{j=1}^{n} y_j q_j = \sum_{i=1}^{m}\sum_{j=1}^{n} x_i y_j p_i q_j$$

とは等しくないことが容易にわかる．しかし，X と Y がたがいに独立であるときには，上で述べた式 (2.37) の関係が成立するので，次のようになる．

$$E[XY] = E[X]E[Y] \tag{2.39}$$

(4) 2変数の和の分散と標準偏差

たがいに独立な2つの確率変数 X, Y に関して，確率変数 $X+Y$ の分散 $V[X+Y]$ は，式 (2.31) の関係より

$$\begin{aligned}V[X+Y] &= E[(X+Y)^2] - E[X+Y]^2 \\ &= E[X^2 + 2XY + Y^2] - \{E[X] + E[Y]\}^2 \\ &= E[X^2] + 2E[XY] + E[Y^2] \\ &\quad - \{E[X]^2 + 2E[X]E[Y] + E[Y]^2\}\end{aligned}$$

となる．ここで，式 (2.39) を適用すると，次の関係が成立する．

$$\begin{aligned}V[X+Y] &= E[X^2] - E[X]^2 + E[Y^2] - E[Y]^2 \\ &= V[X] + V[Y]\end{aligned} \tag{2.40}$$

したがって，標準偏差 σ は，次式となる．

$$\sigma = \sqrt{V[X+Y]} = \sqrt{V[X] + V[Y]} \tag{2.41}$$

例題 2.8 確率変数 X, Y はたがいに独立で，それぞれの確率分布が表 2.6 のように表されていた．このとき，(1) $X+Y=7$ となる確率 $P(X+Y=7)$, (2) $XY=4$ となる確率 $P(XY=4)$, (3) Y の平均 $E[Y]$ と分散 $V[Y]$, を求めよ．

表 2.6

X の値	0	1	2	3	Y の値	0	1	2	3	4
確　率	0.2	0.4	0.2	0.2	確　率	0.4	0.2	0.1	0.2	0.1

[解] (1) $X+Y=7$ は，$(X, Y) = (3, 4)$ のときだけであるから，

$$P(X+Y=7) = P(X=3) \times P(Y=4) = 0.2 \times 0.1 = 0.02$$

(2) $XY=4$ は，$(X, Y) = (1, 4), (2, 2)$ のときであるから，

$$\begin{aligned}P(XY=4) &= P(X=1) \times P(Y=4) + P(X=2) \times P(Y=2) \\ &= 0.4 \times 0.1 + 0.2 \times 0.1 = 0.06\end{aligned}$$

(3) Y の平均と分散は，それぞれ，

$$E[Y] = \sum_{i=0}^{4} Y_i p_i = 0 \times 0.4 + 1 \times 0.2 + 2 \times 0.1 + 3 \times 0.2 + 4 \times 0.1 = 1.4$$

$$V[Y] = \sum_{i=0}^{4}(Y_i - E[Y])^2 p_i$$
$$= 1.4^2 \times 0.4 + 0.4^2 \times 0.2 + 0.6^2 \times 0.1 + 1.6^2 \times 0.2 + 2.6^2 \times 0.1 = 2.04$$

■ 2.3.4 ■ 連続型確率変数

(1) 確率分布関数と確率密度関数

　これまでに取り扱ってきた確率変数は，対象が回数，個数，件数などの飛び飛びの値で代表される**離散型確率変数**である．そのような分布を**離散型確率分布**という．これに対し，時間，質量，長さなどのように，ある範囲のすべての実数値をとり得る変数が**連続型確率変数**であり，その分布を**連続型確率分布**という．連続型確率分布の解析にも，式 (2.41) までの離散型確率変数での取り扱いの原理をそのまま応用することができる．

　確率変数 X が連続型確率変数であって，範囲 $a \leqq X \leqq b$ のすべての実数値をとるとき，$X \leqq x_1$ となる確率 $P(X \leqq x_1)$ は，x_1 によって定まる．これが，

$$P(X \leqq x_1) = F(x) \tag{2.42}$$

と書けるとき，$F(x)$ を X の**確率分布関数**といい，その導関数 $f(x)$,

$$f(x) = \frac{dF(x)}{dx} \tag{2.43}$$

を確率変数 X の**確率密度関数**という．この確率分布関数と確率密度関数の関係を図 2.11 に示す．

　有限個のデータから確率密度関数を推定する 1 つの考え方が，図 2.8 に示したヒストグラムと度数分布多角形の利用である．このとき，図 2.8 と図 2.9 で縦軸の度数を相対

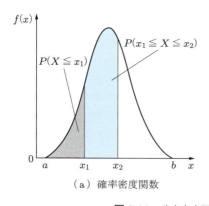
（a）確率密度関数

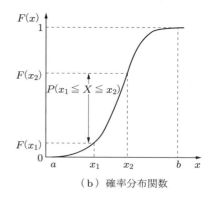
（b）確率分布関数

図 2.11　確率密度関数と確率分布関数の関係

度数に変換して得られる相対度数多角形と相対累積度数多角形が，それぞれ図 2.11(a) の確率密度関数と図 2.11(b) の確率分布関数に対応する．

(2) 平均と標準偏差

図 2.11 において，確率変数 X が $x_1 \leqq X \leqq x_2$ にある確率は，

$$P(x_1 \leqq X \leqq x_2) = F(x_2) - F(x_1) = \int_{x_1}^{x_2} f(x)\,dx \tag{2.44}$$

であり，$y = f(x)$ のグラフにおいて相当する範囲の面積（図 2.11 (a) の青色部分）に一致する．ここで，全体の面積は確率変数 X がとり得る全確率だから，確率変数 X の範囲が $a \leqq X \leqq b$ のときには，この範囲で $f(x) \geqq 0$ であり，

$$\int_a^b f(x)\,dx = 1 \tag{2.45}$$

となる．このとき，**平均**（**期待値**）は，導関数を導くときの考え方に従い，区間 $[a, b]$ を細分した区間 $[x_i, x_i + \Delta x]$（ただし，$i = 1, 2, \cdots$）の値をとりあげ，$\Delta x \to 0$ の極限をとる操作を式 (2.25) に関して行うと，

$$E[X] = \int_a^b x f(x)\,dx \tag{2.46}$$

となる．同様に，**標準偏差**は，式 (2.29) に従うと，次のように表される．

$$\sigma = \sqrt{V[X]} = \sqrt{\int_a^b (x - E[X])^2 f(x)\,dx} = \sqrt{\int_a^b x^2 f(x)\,dx - E[X]^2} \tag{2.47}$$

例題 2.9 確率変数 X の確率密度関数 $f(x)$ が，$0 \leqq x \leqq 1$ の範囲で $f(x) = 1$，その他の範囲で $f(x) = 0$ のとき，(1) 平均 $E[X]$，(2) 分散 $V[X]$，を求めよ．

［解］ (1) 平均は，式 (2.46) より，

$$E[X] = \int_{-\infty}^{\infty} x f(x)\,dx = \int_0^1 x\,dx = \left[\frac{x^2}{2}\right]_0^1 = \frac{1}{2}$$

(2) 分散は，式 (2.47) より，

$$V[X] = \int_{-\infty}^{\infty} \left(x - \frac{1}{2}\right)^2 f(x)\,dx = \int_0^1 x^2 dx - \frac{1}{4} = \frac{1}{12}$$

演習問題2

2.1 故障の確率が1万km走行して1%のバス1000台が1万km走行したとき，故障する車が3台以下ということは，珍しいといえるか否か判定せよ．ただし，ある事象の起こる確率が0.01以下のとき，そのような事象の出現は珍しいとみなす．

2.2 A工場のアイテム4個，B工場のアイテム3個を混ぜた7個の中から任意に3個を選ぶとき，2個がA工場のアイテムである確率Pを求めよ．

2.3 ある母集団の小型車を調査したところ，40%の車が四輪駆動で，四輪駆動車の80%に冬タイヤが装着されていた．任意に選んだ1台が，冬タイヤを装着している四輪駆動車である確率Pを求めよ．

2.4 あるアイテム250個は，A工場製150個，B工場製100個からなっている．この中から2個選んだとき，少なくとも1個はA工場製のアイテムである確率Pを求めよ．

2.5 NC旋盤Aで加工した丸棒$n_A = 45$本の平均直径$\mu_A = 50.022$ mm，標準偏差$\sigma_A = 0.121$ mmであり，NC旋盤Bで加工した丸棒$n_B = 50$本の平均直径$\mu_B = 49.995$ mm，標準偏差$\sigma_B = 0.047$ mmであった．このとき，旋盤A，Bで加工した合計95本の丸棒の平均直径μと標準偏差σを求めよ．

2.6 確率変数X, Yはたがいに独立で，それぞれの確率分布が表2.7のように表されていた．このとき，(1) $X+Y=4$となる確率$P(X+Y=4)$，(2) XYの平均$E[XY]$，を求めよ．

表2.7

Xの値	0	1	2	3	4	Yの値	0	1	2	3
確率	0.1	0.2	0.4	0.2	0.1	確率	0.6	0.2	0.1	0.1

第3章 信頼性測度の基礎

信頼性は故障寿命の確率分布と密接な関連があり，観測した現象の統計学的性質に対して，信頼性評価の基本的な考え方を適切に応用できることは，優れた信頼性を獲得するうえで大切なことである．その立場から，3.1 節で信頼性工学で最も大切な故障曲線の概念について説明し，3.2 節で信頼性を定量化する方法について記述し，3.3 節で信頼性評価に用いるおもな指標の数学的定義と取り扱いの基礎を紹介する．

3.1 信頼性と故障

アイテムの**ライフサイクル**は，図 3.1 に示すように，企画，開発，製作，供用，廃棄に至る過程を経るが，信頼性工学はその全期間を対象としている．このライフサイクルの中で大切なことは，与えられた条件下で使用時に観察した故障につながる現象を整理し，生じた故障現象の統計学的性質を把握し，アイテムの信頼性向上のために利用することである．それを通して，故障の背後にある問題点を解明し，故障対策を講じることによって，アイテムの信頼性を高めることができる．

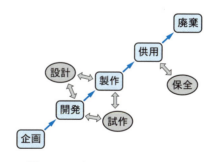

図 3.1　アイテムのライフサイクル

■ 3.1.1 ■ 故障曲線

信頼性を表す重要なパラメータは時間であり，アイテムの信頼性を評価するために大切とされていることが，**故障曲線**を用いてアイテムの使用期間における故障発生の確率を示す故障率の時間的依存性を把握することである．一般的なアイテムの故障率の経時変化を表す故障曲線は，アイテムの種類，使用条件，使用環境に依存し，さま

ざまな形態になる．どのように上手に作られ，適切に保全されていても，アイテムの故障を完全になくすことは不可能である．

最も標準的な故障曲線が，図 3.2 に示す**バスタブ曲線**である．西洋の風呂桶の断面に似ていることから名付けられたバスタブ曲線が示す故障率の分布パターンは，たとえば，人間の一生を，幼・少年期，青・壮年期，老年期に分類するときの，各期における病気の罹患率の変化を想起させる．これらに対応する期間は，以下のように定義され，呼称されている．

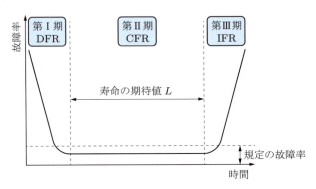

図 3.2　故障曲線モデル（バスタブ曲線）

(1) 第 I 期，DFR 分布

最初の第 I 期は，アイテムにおいて運用初期の故障が，時間の経過につれて急激に減少する **DFR** (decreasing failure rate) 分布という時期である．使用開始後の比較的早い時期の故障は，設計上の欠陥，使用材料の不良，製造中に生じた欠陥，使用環境との不適合，あるいは輸送中の取り扱いの不備などによって生じる．時間の経過につれて故障率が低下する期間なので，**初期故障**期間とよばれている．

(2) 第 II 期，CFR 分布

第 II 期は，故障率が規定値以下の値とみなせる **CFR** (constant failure rate) 分布という期間で，故障発生原因を想定できず，突発的に想定外の故障が生じる時期である．しかしながら，アイテムの通常の使用においては，故障の生起を心配することなく使用できる期間なので，**偶発故障**期間とよばれている．

(3) 第 III 期，IFR 分布

最後の第 III 期は，故障率が時間の経過につれて急激に増加する **IFR** (increasing failure rate) 分布という時期である．疲労，摩耗，老化現象などによって，構成部品が固有の寿命に達し，時間の経過とともに故障率が大きくなる期間であるため，**経年故障**期間とか，**摩耗故障**期間とよばれている．

■ 3.1.2 ■ 寿命と故障対策

(1) 耐用寿命

　寿命は，概念的にアイテムの使用開始から廃棄に至るまでの期間を表すものとされる．これに対して，図 3.2 中に示した寿命の期待値 L は，故障率が規定の故障率より低い値を保持する期間（第 II 期）をさし，**耐用寿命**，あるいは**有用寿命**とよばれる．この期間は，『与えられた条件で，与えられた時点から**故障強度**が許容できなくなるまでの期間，又はフォールトの結果，アイテムが修理不可能と考えられるまでの時間』（JIS Z 8115 より）と定められている．

　アイテムの耐用寿命は，一般に保全費用が，目標値より大きくならないように考慮して設定される．ここで，高信頼性というのは，故障率が低いことであり，長寿命は，規定の故障率以下の値を維持する期間が長いことを意味している．したがって，信頼性が高いということと寿命が長いということは，概念の違う事象である．

(2) 信頼性の確保

　時間の経過とともに故障率が低下する第 I 期の故障を取り除くことは，アイテムを安心して使用できるという信頼性を確保するうえで大切である．使用開始後の比較的早い時期に，設計・製造上の欠点，使用環境の不適合などによって起こる初期故障を減らすための代表的な作業には，アイテムを使用開始前または使用開始後の初期に動作させて，アイテム自身の弱点を検出・除去し，是正する**デバギング**がある．デバギング以外にも，たとえば，事前に非破壊的に初期不良や潜在的欠陥・故障を強制的に取り除く**スクリーニング**，特性値を安定化させるための**エージング**，さらには，アイテムをなじみやすくしたり，特性を安定させるなどの目的で，使用前に一定の時間動作させる**ならし**などの作業をあげることができる．

　一方，第 II 期の故障は，デバギングによっても取り除くことのできない故障原因の重ね合わせによって生じるもので，その発生時刻を予測することはきわめて困難である．これに対し，第 III 期の故障は，構成アイテムの不可避な老朽化によって生じるので，故障が発生する前に耐用寿命に達した部品を取り替えるという**予防保全**（7.1.1 項参照）が，耐用寿命を延ばすのに有効な作業となる．これら 3 つの期間は，故障率の分布が異なるので，異なった対策をとらなければならない．

■ 3.1.3 ■ 耐久性と故障

(1) 耐久性の概念

　一般的には，**耐久性**と信頼性は，区別せずに使用される．本来，長くもちこたえるという性質である耐久性は，アイテムの耐用寿命または大きな故障発生までの作動時間をさす言葉で，初期故障や本体に影響のない偶発故障は除外し，安定期の故障を想

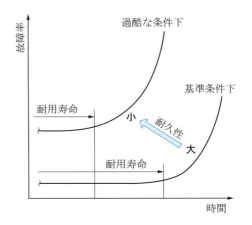

図 3.3　耐久性と耐用寿命

定した概念である．したがって，耐久性の大小は，図 3.3 に示すような使用条件に依存する傾向があり，使用条件が厳しくなれば故障率は上昇し，耐用寿命は短くなる．

耐久性は故障に直結している事象であって，使用環境下での温度，湿度，振動，機械的応力などの**ストレス**により，アイテムに損耗や腐食などの物理的，あるいは化学的な変化が生じ，「動作しなくなる」とか，「動作が不安定である」といった機能レベルへの障害として確認される事象である．もちろん，故障とはアイテムの正常なはたらきが損なわれることであり，障害発生の因果関係を明らかにすることによって，故障発生を予測・予防可能という意味を含んでいる．

(2)　故障の分類

故障曲線の説明にバスタブ曲線が使用できるのは，修理しないで使用する**非修理系**アイテムの場合であり，修理しながら使用する**修理系**アイテムに対する説明には，適さないことが多い．なぜなら，修理系アイテムにおいては，下位アイテムが故障したとき，ただちに新しい部品に取り替えることが多いので，全体としては故障率の上昇が抑えられ，摩耗故障期間の存在が確認できにくくなる場合もあるためである．

なお，故障には，バスタブ曲線に関連して説明した標準的な DFR 分布の初期故障，CFR 分布の偶発故障や IFR 分布の摩耗故障のほか，以下のようなものがある（JIS Z 8115 より）．

① **全機能喪失故障**：『アイテムのすべての要求機能の遂行を完全に不能にする故障』
② **部分的故障**：『アイテムの要求機能の一部を遂行不能にする故障』
③ **二次故障**：『他のアイテムの故障又はフォールトによって直接，又は間接的に引き起こされるアイテムの故障』
④ **誤使用による故障**：『使用中にアイテムの規定能力を超えるストレスによる故障，

設計における部品・材料の適用の誤り，又は試験・使用・保全などの計画・実施に伴う誤りによる故障』
⑤ **突発性故障**：『事前の試験（調査）又は監視によって予見できない故障』
⑥ **間欠故障**：『ある期間故障状態となるが，自然に元の機能を回復し，それを繰り返す故障』
⑦ **経時変化故障**：『アイテムの，与えられた特性が時間の経過とともに徐々に変化することによって発生する故障』

3.2 信頼性の基本式

■ 3.2.1 ■ 信頼性の基本関数

アイテムを製作するにあたって，永久に故障しないアイテムを想定する必要はない．故障の予測・予防が必要な期間は，各アイテムの使用実態に対応する合理的な期間である．たとえば，原子力発電所が 40 年程度の寿命が要求されるのに対し，多くのロケットエンジンは，積載している燃料を消費する数十秒間，所定の推力を維持する寿命があればそれでよい．したがって，故障の予測や予防の適切さを客観的に評価するための，故障に関する定量的な尺度が必要となる．さまざまな故障に対する要求を評価するために用いる，定量化された基本的な信頼性の尺度には，信頼度，不信頼度，保全度，故障率などがある．

最も基本となる尺度が信頼度であり，「壊れにくさ」の程度という狭義の信頼性の時間的経過を信頼度として数学的に表したものが，**信頼度関数**である．信頼度関数として適用できる関数の形は，第 4 章に示すように，いろいろある．信頼度関数と結びつけた，DFR，CFR および IFR 分布といった故障率分布の解析を通して，信頼性に関係する現象の統計的性質を把握することができる．さらには，観察された現象を生じさせる物理的問題点を解明するための糸口を得ることも可能になる．

確率分布関数は，製造ミスや不良品の混在するアイテムの機能停止をもたらす，たとえば，ねじが緩んでいた，部品が欠落していたなどの，**故障モード**を問わない不具合の発生割合，あるいは故障の発生割合を表す指標である．これに対し，「故障したアイテムのなおしやすさ」の程度を表す**保全度関数**は，7.2 節で述べるように，確率分布関数と類似の数学的概念であって，同様な手順で導き出される．保全性の時間的経過を，保全度として行う数学的評価は，故障分布だけでなく，**保全時間**の分布など，信頼性に関係する種々の確率法則に支配されるものを表す**確率変数**を把握することにも利用されている．

アイテムの故障までの時間分布を考えると，使用開始から故障発生までの時間の長

短は確率の問題である．すなわち，同一仕様のアイテムを同一の条件の下で使用した場合であっても，アイテムが故障を起こすまでの時間（**故障寿命**）を調べてみると，一定値になることはまれで，多くの場合ばらついた値になる．そのような故障寿命は，ある一定の確率法則に従っていると考えられる確率変数である．

■ 3.2.2 ■ 確率分布関数（不信頼度関数）

いま，連続型確率変数 T の分布曲線が，図 3.4 に示すように，$y = f(t)$ と表されているとする．このとき，T が時間 t と $t + dt$ の間にある確率が，

$$P(t \leqq T < t + dt) = f(t)\,dt \tag{3.1}$$

であり，$f(t)\,dt$ を t のとり得るすべての範囲にわたって積分したもの（ただし，積分範囲において $f(t) \geqq 0$）が，

$$\int_0^\infty f(t)\,dt = 1 \tag{3.2}$$

の条件を満たすとき，関数 $f(t)$ を T の**確率密度関数**（**故障密度関数**）であるという．式 (2.43) の定義より，確率密度関数は，単位時間に故障を発生する割合を示している．ここで，変数 T がある特定の値 t より小さい値をとる確率 $F(t)$ は，

$$F(t) = P(0 \leqq T < t) = \int_0^t f(t)\,dt \tag{3.3}$$

である．この $F(t)$ は，確率分布関数であり，これを，**不信頼度関数**，**故障分布関数**，**累積確率**，**分布関数**などとよんでいる．式 (3.3) の定義より，確率分布関数は，時間ゼロから増加し，時間 $t \to \infty$ で 1 になる図 3.5 に示す形態となる．すなわち，$F(t)$ には，次の性質がある．

① 時間の非減少関数
② $F(0) = 0$
③ $F(\infty) = 1$

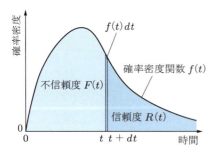

図 3.4　確率密度関数と信頼度，不信頼度

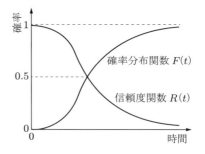

図 3.5　確率分布関数と信頼度関数

■ 3.2.3 ■ 信頼度関数

信頼性において確率分布関数（不信頼度関数）$F(t)$ は，時間 t までに故障したものの全体に対する割合を示すので，

$$R(t) = 1 - F(t) = P(T \geq t) = \int_t^\infty f(t)\,dt \tag{3.4}$$

と定義する関数 $R(t)$ を，信頼度関数，あるいは**残存確率関数**とよんでいる．ここで，式 (3.4) は，式 (1.1) の信頼度の定義を書き換えたものである．信頼度関数は，図 3.5 に示すように，1 から減少し，時間 $t \to \infty$ でゼロになる．すなわち，$R(t)$ は，

① 時間の非増加関数
② $R(0) = 1$
③ $R(\infty) = 0$

の性質をもっている．

ところで，確率密度関数の分布を定性的に表した図 3.4 において，t より左側の累積分布（うすい青色部分の面積）が不信頼度 $F(t)$，右側の累積分布（濃い青色部分の面積）が信頼度 $R(t)$ となるので，$F(t)$ を下側確率，$R(t)$ を上側確率とよぶこともある．なお，与えられた下側確率，あるいは上側確率を与える t の値を，それぞれ下側確率あるいは上側確率に対する**パーセント点**（％点）という．たとえば，$F(t) = 0.05$ に対する t の値は

$$F(t) = \int_0^t f(t)\,dt = 0.05$$

を与える点であり，これを下側確率 5 ％点という．一方，たとえば，$R(t) = 0.02$ に対する t の値は

$$R(t) = \int_t^\infty f(t)\,dt = 0.02$$

を与える点であり，これを上側確率 2 ％点という．

■ 3.2.4 ■ 故障率関数

信頼性評価においては，アイテムの正常作動数とか，故障数といった数量ではなく，時間当たりの故障数の変化を表す指標が必要である．そのために，ある時間 t まで残存（動作）していたアイテムが，引き続く単位時間の間に故障する割合として式 (1.3) で説明した故障率が定義されている．この故障率を単位時間 $\Delta t \to 0$ と極値をとる操作を行って時間 t の関数として表した**故障率関数** $\lambda(t)$ は，

$$\lambda(t) = \frac{f(t)}{1 - F(t)} = \frac{f(t)}{R(t)} \tag{3.5}$$

となる．式 (3.5) は，式 (1.3) と比較すればわかるように，**瞬間故障率**を表しており，一般に使用している故障率は，この瞬間故障率のことをさしている．

ここで，式 (3.3)，(3.4) の関係より，確率密度関数は，

$$f(t) = \frac{dF(t)}{dt} = -\frac{dR(t)}{dt} \tag{3.6}$$

であるので，これを式 (3.5) に代入すると，

$$\lambda(t) = \frac{1}{R(t)} \frac{-dR(t)}{dt} = -\frac{d \ln R(t)}{dt}$$

となる．この微分方程式を，上述した境界条件 $R(0) = 1$ を適用して解くと，信頼度関数として，次の式を得る．

$$R(t) = \exp\left(-\int_0^t \lambda(t)\,dt\right) \tag{3.7}$$

この式 (3.7) は，信頼度関数の基本的な形の 1 つである．なお，Napier の数（自然対数の底）e を底とする指数関数 y は，$y = \exp(x) = e^x$ と表記する．

■ 3.2.5 ■ 信頼度関数，確率分布関数，確率密度関数，故障率関数の相互関係

信頼度関数，確率分布関数，確率密度関数，故障率関数の 4 関数の間には，式 (3.4)〜(3.6) の 3 つの関係式が成立している．したがって，いずれか 1 つの関数が既知なら，残りの 3 つの関数を求めることができる．

たとえば，CFR 分布で故障率 λ が一定なら，故障率関数は，次のようになる．

$$\lambda(t) = \lambda$$

このとき，残りの 3 関数，信頼度関数，確率分布関数と確率密度関数は，それぞれ式 (3.7)，(3.3)，(3.6) より，

$$R(t) = \exp\left(-\int_0^t \lambda\,dt\right) = \exp(-\lambda t)$$
$$F(t) = 1 - R(t) = 1 - \exp(-\lambda t)$$
$$f(t) = -\frac{dR(t)}{dt} = \lambda \exp(-\lambda t)$$

となるので，上述の説明が成立する．なお，故障率 λ が一定の結果は，4.2.1 項で説明する**指数分布**を表している．

バスタブ曲線で説明した故障率の 3 基本形に対応する確率密度と信頼度の分布間の定性的な相互関係を図 3.6 に示す．それらは，図 3.6 (a) に示す故障率関数が時間の非減少関数の分布である DFR 分布，図 3.6 (b) に示す故障率関数が時間にかかわらず一

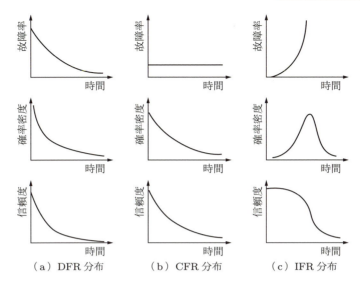

（a）DFR 分布　　　（b）CFR 分布　　　（c）IFR 分布

図 3.6　故障率の 3 基本形と確率密度分布，信頼度分布との対応

定の分布である CFR 分布および図 3.6 (c) に示す故障率関数が時間の非増加関数の分布である IFR 分布である．

図 3.6 において，DFR 分布と CFR 分布の信頼度におよぼす故障率と確率密度分布の影響には差異がないようであるが，IFR 分布では，確率密度の最大値付近で信頼度が急激に低下する傾向が認められる．なお，CFR 分布は，上述したように，指数分布となるが，DFR 分布，IFR 分布を含め，それぞれに対応する代表的な分布関数については，次章で詳しく説明する．

■ 3.2.6 ■ 累積確率の推定

あるアイテムの故障の確率密度関数 $f(x)$ および分布関数（**累積確率**）$F(x)$ を，度数分布の観測結果から求めることは，図 2.8 と図 2.9 の関係および図 3.4 と図 3.5 の関係を比較するなら，不可能ではないかもしれない．しかし，微小区間 Δx に関する度数分布多角形および累積度数多角形から $f(x)$ と $F(x)$ を求めることは，きわめて困難である．そもそも，サンプルの大きさが小さいときには，度数分布を求めても，そういった評価をすることは不可能である．このような場合を含め，分布関数を評価するために，観測値に対する累積確率の推定値を知る必要がある．

(1) 母集団とサンプル

いま，図 3.7 に示す確率変数 X に関する母集団の未知な確率分布関数である累積確率を $F(x)$ とし，母集団から 1 組 n 個のサンプルを k 組取り出して，各組ごとに観測値を小さな値から大きさの順に並べるとき，次のような結果が得られる．

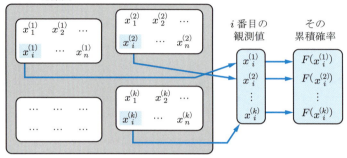

図 3.7　累積確率の推定

$$
\begin{array}{llllllll}
\text{第 1 組:} & x_1^{(1)} & x_2^{(1)} & \cdots & x_i^{(1)} & \cdots & x_n^{(1)} \\
\text{第 2 組:} & x_1^{(2)} & x_2^{(2)} & \cdots & x_i^{(2)} & \cdots & x_n^{(2)} \\
& & & \vdots & & & \\
\text{第 } k \text{ 組:} & x_1^{(k)} & x_2^{(k)} & \cdots & x_i^{(k)} & \cdots & x_n^{(k)} \\
\end{array}
$$

各組の i 番目の値 $x_i^{(1)}$, $x_i^{(2)}$, $\cdots$, $x_i^{(k)}$ に着目すると，これら縦列の観測値は，当然同一ではなく，観測を繰り返すたびに異なる値となるので，この x_i 自身が，ある確率分布に従っていると考えられる．すなわち，x_i をサンプルのとり方に依存する確率変数とみなすとき，x_i の値に対応している累積確率 $F(x_i)$ の値自体もまた確率変数となるので，その期待値 $E[F(x_i)]$ で $F(x_i)$ の値を代表させるのが，妥当といえる．

(2) ミーンランク

ところで，確率変数 X の値 x_i が，i 番目の実現値となる確率密度関数 $g_i(x_i)$ は，取り出した n 個のサンプルを $(i-1)$, 1, $(n-i)$ の 3 グループに分けるとき，

① $(i-1)$ 個のサンプルが x_i 値以下である確率：$\{F(x_i)\}^{i-1}$
② 1 個のサンプルが x_i 値である確率密度：$f(x_i) = dF(x_i)/dx_i$
③ $(n-i)$ 個のサンプルが x_i 値以上である確率：$\{1-F(x_i)\}^{n-i}$

と，その組合せの数 ${}_n\mathrm{C}_i \times {}_i\mathrm{C}_1$ 通りとの積であるから，次式で表される．

$$g_i(x_i) = {}_n\mathrm{C}_i \times {}_i\mathrm{C}_1 \{F(x_i)\}^{i-1}\{1-F(x_i)\}^{n-i} f(x_i) \tag{3.8}$$

したがって，$F(x_i)$ の期待値 $E[F(x_i)]$ は，式 (2.46) より，

$$\begin{aligned}
E[F(x_i)] &= \int_{-\infty}^{\infty} F(x_i) g_i(x_i)\, dx_i \\
&= {}_n\mathrm{C}_i \times {}_i\mathrm{C}_1 \int_0^1 \{F(x_i)\}^i \{1-F(x_i)\}^{n-i}\, dF(x_i)
\end{aligned} \tag{3.9}$$

となる．ここで，ベータ関数 $B(p, q)$ と**ガンマ関数** $\Gamma(\cdot)$ との関係，

$$B(p, q) = \int_0^1 x^{p-1}(1-x)^{q-1}\,dx = \frac{\Gamma(p)\Gamma(q)}{\Gamma(p+q)} \qquad (p>0,\ q>0)$$

および付録 A.1 に示すガンマ関数の，

$$\Gamma(n) = (n-1)!$$

という関係を用いて，式 (3.9) を整理すると，求める期待値 $E[F(x_i)]$ で近似する累積確率 $F(x_i)$ は，次式となる．

$$F(x_i) = \frac{i}{n+1} \tag{3.10}$$

式 (3.10) は，母集団から取り出した n 個の観測値を，小さな値から大きさの順に並べるとき，その i 番目の x_i 値に対応する累積確率 $F(x_i)$ の期待値を表し，これを**ミーンランク**という．

■ 3.2.7 ■ 点推定と区間推定
(1) 点推定

　信頼性データ解析の目的の 1 つは，確率分布関数の推定であり，母集団の分布関数に含まれる**母数**をデータから推測することである．母数とは，母集団分布に固有の統計的数値の総称である．さらには，信頼性を評価するため，求めた母数を利用して行う，さまざまな信頼性測度の推定および応用も，信頼性データ解析の目的である．しかし，その母数の真の値はあくまでも未知であるから，データより算定した信頼度もまた推定値である．このデータから求めた 1 個の推定値を母集団の母数として定める方法を，**点推定**という．点推定によく用いられている回帰分析と最尤法による統計的手法については，それぞれ 5.1 節と 5.2 節で説明する．

(2) 区間推定

　点推定値は，真の値と必ずしも一致するものではなく，観測を繰り返すたびに異なる値となり，推定値は，あいまいなままであるという欠点をもつ．したがって，観測ごとのばらつきを考えて，真の値がどの区間にどの程度の信頼の度合いで入るかを知っておくことが大切となる場合がある．この取り扱い方法を，**区間推定**という．

　図 3.8 に例示する区間推定は，推定すべき分布関数の母数 X の存在域として，真の値が上限値 x_U および下限値 x_L の推定区間内に含まれる確率が $1-\alpha$ になるという場合である．分布の両側を図 3.8 に示すように，

$$P(x_L \leqq X \leqq x_U) = 1 - \alpha \tag{3.11}$$

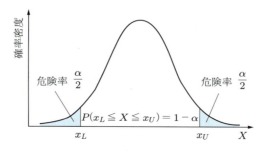

図 3.8　危険率 α の両側推定

として推定する方法を，**両側推定**という．このとき，x_U と x_L は，それぞれ信頼上限，信頼下限という**信頼限界**であって，$1-\alpha$ を**信頼水準**とか，**信頼係数**，α を**有意水準**とか，**危険率**とよんでいる．

これに対し，図 3.9 に示すように，分布の片側の確率を推定する方法を，**片側推定**という．片側推定には，片側信頼下限 x_L と，片側信頼上限 x_U を用いた推定がある．図 3.9(a) は，下側確率 α により真の値が x_L 以上となる確率，

$$P(X \geqq x_L) = 1 - \alpha \tag{3.12}$$

を推定している．また，図 3.9(b) では，上側確率 α により真の値が x_U 以下となる確率，

$$P(X \leqq x_U) = 1 - \alpha \tag{3.13}$$

を推定している．

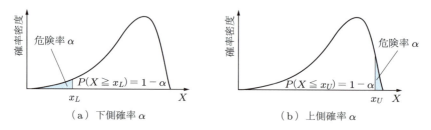

（a）下側確率 α 　　　　　（b）上側確率 α

図 3.9　危険率 α の片側推定

いま，図 3.9(a) に示すように，信頼水準 95 ％で x_L を片側推定して得られた結果は，何回も繰り返した試行の $1-\alpha$，すなわち，95 ％は，

　　　真の値 $> x_L$

になるという意味である．ただし，真の値が x_L 以上となる確率が 95 ％ということで

はなく，95％までは正しいということを意味する．そのため，信頼性の区間推定では，信頼度が真の値より低い推定値をとることになる図 3.9(a) の片側信頼下限が，安全の点から好ましいといえる．なお，片側推定は，前述した信頼度や不信頼度の定義に相応する．

3.3 信頼性の指標

「アイテムが与えられた条件の下で，与えられた時間間隔に対して，要求機能を実行できる確率」という，信頼度の時間的推移を具体的に定義し，定量的に評価するために使用する指標にはいろいろなものがある．以下では，規定の特性値を把握するために用いる代表的な信頼性の指標をいくつかとり上げ，その定義を述べる．

■ 3.3.1 ■ 総動作時間

『アイテムが要求されている機能を実行している状態にある時間又は期間』を**動作時間**，その総計値を**総動作時間**という（JIS Z 8115 より）．

(1) 寿命試験

一般に，ある規定条件の下でのアイテムの寿命に関する試験である**寿命試験**において，サンプルの全数が寿命に達するまでには長時間を要する．そのため，時間的制約および付随する経済的制約から，すべてのサンプルが故障・破壊するまで試験を行う打切りなし方式の寿命試験を行うことは，事実上きわめて困難である．したがって，試験を途中で打ち切る，中途打切り方式の寿命試験を採用することが多い．

寿命試験において，試験開始後，規定時間に達したら試験を打ち切る試験を**定時打切り試験**といい，故障発生数が規定数に達したら打ち切る試験を**定数打切り試験**という．このとき，寿命に達する前に打ち切った結果を含むデータを**不完全データ（打切りデータ）**といい，含まないデータを**完全データ**という．打切りデータを用いて解析するとき，打切りデータはその打切り時間より寿命が長いという情報をもっているので，打ち切ったデータを除外して解析を行うことは適切ではない．もちろん，累積確率をミーンランクで求めるにあたっても，式 (3.10) の n の値自体に打切りデータを含めた全数を適用して計算することが妥当である．

(2) 中途打切り試験方式

いま，サンプルサイズを n，この間に観測される故障数（定数打切り方式の場合は打切り個数）を r，故障したサンプルの観測故障時間を t_i（ただし，$i = 1, 2, \cdots, r$），試験打切り時間を t_c とするとき，ある規定の条件到達時に試験を終了する**中途打切り試験方式**で観測した寿命データの大きさの間には，次の関係が成り立つ．

$$t_1 \leqq t_2 \leqq \cdots \leqq t_r \leqq t_c = \cdots = t_c$$

このとき，定数打切り方式では，r 個故障した時点で試験を打ち切るため，

$$t_r = t_c$$

となる．これに対し，定時打切り方式では，r 個故障したからといって試験を打ち切るわけではないので，

$$t_r \leqq t_c$$

の関係がある．この相違を例示したものが，図 3.10 である．

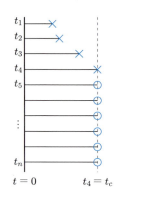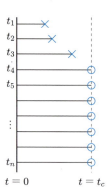

（a）定数打切り，　　　　　（b）定時打切り，
打切り個数 4 の場合　　　　打切り時間 t_c の場合

図 3.10　中途打切り方式で観測した故障時間（×は故障，○は未故障）

さらに，寿命試験には，故障を生じたとき，サンプルを取り替えるか否かによって，取替なし方式と取替あり方式があり，それに対応して，試験における総動作時間（**総試験時間**）T は，取替なし方式では，次の式となる．

$$T = \sum_{i=1}^{r} t_i + (n-r)t_c \tag{3.14}$$

一方，取替あり方式では，次式となる．

$$T = nt_c \tag{3.15}$$

例題 3.1　あるアイテム 10 台の取替なし方式の寿命試験において，45，53，55，61，65，67，70，71，74，75 時間で故障という結果を得た．この結果より，(1) 定数打切り方式で，故障数 $r = 4$ における総試験時間 T_r，(2) 定時打切り方式で，試験打切り時間 $t_c = 60$ 時間における総試験時間 T_c，を求めよ．

[解] (1) 定数打切り方式で，$r = 4$ だから，

$$45 < 53 < 55 < 61 = t_4 = t_c < 65 < 67 < 70 < 71 < 74 < 75$$
となり，$T_r = 45 + 53 + 55 + 61 \times 7 = 580$ 時間 である．
(2) 定時打切り方式で，$t_c = 60$ だから，
$$45 < 53 < 55 < t_c < 61 < 65 < 67 < 70 < 71 < 74 < 75$$
となり，$T_c = 45 + 53 + 55 + 60 \times 7 = 573$ 時間 である．

■ 3.3.2 ■ 時間推移のいろいろ

(1) 平均故障寿命

修理を行わない非修理系アイテムにおいて，使用を開始後，故障発生までの時間の期待値を**平均故障寿命**（**MTTF**：mean time to failure）という．いま，故障発生数を n，故障発生までのそれぞれの動作時間を t_i（ただし，$i = 1, 2, \cdots, n$）とするとき，MTTF は式 (2.24) より，次のように与えられる．

$$\mathrm{MTTF} = \frac{1}{n} \sum_{i=1}^{n} t_i \tag{3.16}$$

ここで，連続型確率分布における期待値は，式 (2.46) で与えられ，これに式 (3.6) の関係を用いて部分積分を行うと，MTTF は，次式で表される．

$$\mathrm{MTTF} = \int_0^\infty t f(t)\, dt = \int_0^\infty R(t)\, dt \tag{3.17}$$

> **例題 3.2** あるアイテムが 10 台あり，それぞれ運用 45，53，55，61，65，67，70，71，74，75 時間で故障した．このアイテムの平均故障寿命 MTTF を求めよ．
>
> ［解］平均故障寿命は，式 (3.16) より，
> $$\mathrm{MTTF} = \frac{1}{10} \sum_{i=1}^{10} t_i = \frac{45 + 53 + 55 + 61 + 65 + 67 + 70 + 71 + 74 + 75}{10}$$
> $$= 63.6 \text{ 時間}$$

(2) 平均故障間動作時間

修理をしながら使用する修理系のアイテムにおいて，故障間隔とは連続して生じた 2 つの故障間の動作時間のことであり，その期待値を**平均故障間動作時間**（mean operating time）といい，**MTBF** の略号を用いる．かつて，MTBF を平均故障間隔（mean time between failures）といっていた名残であり，現在この意味では，使われない．ある特定期間中の MTBF は，その期間中の総動作時間を総故障数で割った値となるので，故障発生数を n，相隣る故障間の動作時間を t_i（ただし，$i = 1, 2, \cdots$,

n) とするとき,MTBF は,次式となる.

$$\text{MTBF} = \frac{1}{n}\sum_{i=1}^{n} t_i \tag{3.18}$$

これとは別に,単に,次の関係

$$\text{MTBF} = 総動作時間 \div 総故障数$$

と表すこともある.なお,連続型確率分布における MTBF は,式 (3.17) 同様に,

$$\text{MTBF} = \int_0^\infty t f(t)\, dt = \int_0^\infty R(t)\, dt \tag{3.19}$$

となるが,動作時間 t_i の定義が MTBF と MTTF とで異なることに注意すべきである.

例題 3.3 あるアイテムは,運用後 20, 45, 75, 100 時間経過した時点で故障したので,すぐに修理している.このアイテムの平均故障間動作時間 MTBF を求めよ.

[解] 運用後の故障間隔は 20, 25, 30, 25 時間なので,平均故障間動作時間は,式 (3.18) より,

$$\text{MTBF} = \frac{1}{4}\sum_{i=1}^{4} t_i = \frac{20+25+30+25}{4} = 25 \text{ 時間}$$

(3) 最初の故障までの平均時間

修理系のアイテムにおいて,初めて使用を開始した時点から最初の故障が発生するまでの動作時間の期待値が,**最初の故障までの平均時間**(**MTTFF**:mean time to first failure) である.したがって,故障発生数を n,故障発生までのそれぞれの動作時間を t_i(ただし,$i = 1, 2, \cdots, n$)とするとき,MTTFF は,次のようになる.

$$\text{MTTFF} = \frac{1}{n}\sum_{i=1}^{n} t_i \tag{3.20}$$

例題 3.4 あるアイテムが 3 台あり,それぞれ運用 7, 8, 9 時間で故障した.このアイテムの最初の故障までの平均時間 MTTFF を求めよ.

[解] 最初の故障までの平均時間は,式 (3.20) より,

$$\text{MTTFF} = \frac{1}{3}\sum_{i=1}^{3} t_i = \frac{7+8+9}{3} = 8 \text{ 時間}$$

(4) 平均アップ時間と平均ダウン時間

アイテムが，外的資源（たとえば，動作に必要なエネルギー）が要求に応じて供給される限りにおいて，要求機能の遂行可能であるという動作可能状態をアップ状態という．その期間を**アップ時間**といい，アップ時間の期待値を**平均アップ時間**（**MUT**：mean up time）という．

一方，ダウン状態とは，アイテムがある要求された機能を遂行不可能な状態のことで，動作不能状態にある期間のことを**ダウン時間**という．**平均ダウン時間**（**MDT**：mean down time）とは，ダウン時間の期待値をさす．

(5) 平均修復時間

修理（保全）しながら使用するアイテムが故障したとき，修復作業を開始した時点から，アイテムが動作可能な状態に復旧するまでのダウン状態にある期間を**修復時間**という．アイテムの故障によって，ダウン状態にある時間の期待値を**平均修復時間**（**MTTR**：mean time to repair）といい，単に，

$$\text{MTTR} = 総修復時間 \div 保全数$$

と表す．また，保全数を n，それぞれの修復時間（保全時間）を t_i（ただし，$i = 1, 2, \cdots, n$）とするとき，MTTR は，次のようになる．

$$\text{MTTR} = \frac{1}{n}\sum_{i=1}^{n} t_i \tag{3.21}$$

例題 3.5 あるアイテムの修復時間と保全数の観測値（単位：時間）は表 3.1 のとおりであった．このアイテムの平均修復時間 MTTR を求めよ．

表 3.1

修復時間	1	2	3	4	5	6	7
保全数	15	10	7	3	1	1	2

[解] 平均修復時間は，修復時間を t_i，総保全数を n とするとき，式 (2.23) の相対度数（＝保全数÷総保全数）p_i を用いて式 (3.21) を書き換えて計算すると，

$$\begin{aligned}
\text{MTTR} &= \sum_{i=1}^{7} t_i p_i \\
&= 1 \times \frac{15}{39} + 2 \times \frac{10}{39} + 3 \times \frac{7}{39} + 4 \times \frac{3}{39} + 5 \times \frac{1}{39} + 6 \times \frac{1}{39} + 7 \times \frac{2}{39} \\
&= \frac{93}{39} \fallingdotseq 2.385 \text{ 時間}
\end{aligned}$$

演習問題3

3.1 ある工場の生産ラインでは,毎分 0, 15, 35 秒の 3 回カメラによる監視が行われている.このラインで不具合が発生したとき,監視によって発見されるまでの時間の期待値 $E[T]$ を求めよ.

3.2 連続型確率変数 X の確率密度関数 $f(x)$ が,範囲 $0 \leqq x \leqq 1$ で,$\int_0^1 f(x)dx = 1$, $f(0) = 0$, $f(1) = 0$ を満足する x の二次関数,その他の範囲で $f(x) = 0$ であるとき,(1) 確率密度関数 $f(x)$, (2) 平均 $E[X]$ と分散 $V[X]$, を求めよ.

3.3 あるアイテムが 5 台あり,それぞれ運用 300, 350, 400, 450, 500 時間で故障した.このアイテムの平均故障寿命 MTTF を求めよ.

3.4 あるアイテムは,運用後 200, 405, 705, 960, 1200 時間経過した時点で故障したが,すぐに修理したため,運用に支障はなかった.このアイテムの平均故障間動作時間 MTBF を求めよ.

3.5 あるアイテムのある時期の修復時間と保全数の観測値(単位:分)は表 3.2 のとおりであった.このアイテムの,平均修復時間 MTTR を求めよ.

表 3.2

修復時間	5	10	15	20	25	30	40	60
保全数	1	6	3	8	4	5	2	1

第4章 信頼性評価関数の基礎

アイテムの信頼性は，故障に関連する観測結果を確率分布関数にあてはめ，信頼度として定量的に解析する．適用する関数は，寿命や故障分布として出現するパターンに対応できるものであり，その特色を把握しておく必要がある．代表的な信頼性評価関数として，4.1節で離散型確率分布の二項分布とポアソン分布，4.2節で連続型確率分布の指数分布，正規分布，対数正規分布およびワイブル分布を取り上げ，それらが導かれる物理的背景と確率密度関数や故障率などの特徴について説明する．

4.1 離散型確率分布

時間，質量や長さといった実数値とは異なり，回数，個数や件数などの整数値しかとり得ない離散型確率変数の分布を**離散型確率分布**という．ここでは，代表的な離散型確率分布である二項分布とポアソン分布について検討する．

■ 4.1.1 ■ 二項分布

1回の独立試行において，ある事象 A の出現する確率 p が $0 < p < 1$ であるとする．この事象 A が，n 個のサンプルのうち x 個（ただし，$x = 0, 1, 2, \cdots, n$）出現するという場合の確率分布が，**二項分布**である．

二項分布の確率関数 $f(x)$ は，反復試行の確率（2.1.7項参照）から，

$$f(x) = \binom{n}{x} p^x (1-p)^{n-x} \tag{4.1}$$

と表される．n 個のサンプルのうち，事象 A の出現が x 個以内である確率 $F(x)$ は，累積分布の形となり，$0 \leqq x \leqq n$ のとき，次の式となる．

$$F(x) = \sum_{X=0}^{x} f(X) = \sum_{X=0}^{x} \binom{n}{X} p^X (1-p)^{n-X} \tag{4.2}$$

二項分布の平均 $E[X] = \mu$ は，式 (2.25) より，

$$E[X] = \mu = \sum_{x=0}^{n} x f(x) = \sum_{x=0}^{n} x \binom{n}{x} p^x (1-p)^{n-x}$$

であり，この式に

$$x \begin{pmatrix} n \\ x \end{pmatrix} = x \frac{n!}{x!(n-x)!} = \frac{n!}{(x-1)!(n-x)!} = n \begin{pmatrix} n-1 \\ x-1 \end{pmatrix}$$

の関係を適用すると，次の結果を得る．

$$E[X] = \mu = np \sum_{x=1}^{n} \begin{pmatrix} n-1 \\ x-1 \end{pmatrix} p^{x-1}(1-p)^{n-1-(x-1)} = np \quad (4.3)$$

標準偏差 σ を求めるため，式 (2.31) に従って分散 $\sigma^2 = V[X]$ を求めると，

$$\sigma^2 = V[X] = \sum_{x=0}^{n}(x-\mu)^2 f(x) = \sum_{x=0}^{n}(x-\mu)^2 \begin{pmatrix} n \\ x \end{pmatrix} p^x(1-p)^{n-x}$$

$$= \sum_{x=0}^{n} x^2 \begin{pmatrix} n \\ x \end{pmatrix} p^x(1-p)^{n-x} - \mu^2$$

$$= np \sum_{x=0}^{n}(x-1+1) \begin{pmatrix} n-1 \\ x-1 \end{pmatrix} p^{x-1}(1-p)^{n-1-(x-1)} - \mu^2$$

$$= np\{(n-1)p+1\} - (np)^2 = np(1-p)$$

となる．それゆえ，標準偏差は次のようになる．

$$\sigma = \sqrt{np(1-p)} \quad (4.4)$$

図 4.1 は，確率 p が確率関数 $f(x)$ の形状におよぼす影響を示すため，一例として $n = 10$ の場合について求めた $f(x)$ が変化する様相である．p の増加につれ $f(x)$ の最大値を与える x 値は右方へ移動し，$p = 0.5$ のとき，左右対称の分布になる．$p > 0.5$ のとき，$f(x)$ の対称性から $x = 5$ を軸として左右が反転した形状になる．なお，信頼

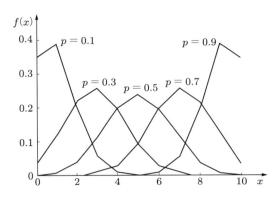

図 4.1 二項分布の確率関数（$n = 10$ の場合）

性において p を母集団の不良率とみなすなら，$f(x)$ は抜取試験（第 8 章参照）において抽出した大きさ n のサンプル中に x 個の不良アイテムを見いだす確率である．

例題 4.1 二項分布に従うあるアイテムの不良率が $p = 0.05$ であった．アイテム 10 個のうち，不良品が，(1) 3 個となる確率 $f(3)$，(2) 2 個以内の確率 $F(2)$，を求めよ．

[解] (1) 不良品が 3 個となる確率は，式 (4.1) より，

$$f(3) = \begin{pmatrix} 10 \\ 3 \end{pmatrix} 0.05^3 \times 0.95^7 \fallingdotseq 0.01048 = 1.048 \ \%$$

(2) 不良品が 2 個以内の確率は，式 (4.2) より，

$$F(2) = \begin{pmatrix} 10 \\ 0 \end{pmatrix} 0.95^{10} + \begin{pmatrix} 10 \\ 1 \end{pmatrix} 0.05 \times 0.95^9 + \begin{pmatrix} 10 \\ 2 \end{pmatrix} 0.05^2 \times 0.95^8$$

$$\fallingdotseq 0.9885 = 98.85 \ \%$$

■ 4.1.2 ■ ポアソン分布

確率変数 X のとり得る値が $x = 0, \ 1, \ 2, \ \cdots$ の無限個で，その確率関数 $f(x)$ が，

$$f(x) = \frac{\mu^x}{x!} \exp(-\mu) \qquad (\mu > 0) \tag{4.5}$$

となる分布を**ポアソン分布**という．ポアソン分布は，サンプルサイズ n，不良率 p で不良発生の期待値 $\mu = np$ の二項分布において，$p \to 0$，$n \to \infty$ としたときの極限分布である．したがって，確率変数 X のとり得る値が x 個以内である確率 $F(x)$ は，次式となる．

$$F(x) = \sum_{X=0}^{x} f(X) = \sum_{X=0}^{x} \frac{\mu^X}{X!} \exp(-\mu) \qquad (0 \leqq x \leqq n) \tag{4.6}$$

ポアソン分布の平均 $E[X]$ は，式 (2.25) より，

$$E[X] = \sum_{x=0}^{\infty} x f(x) = \sum_{x=0}^{\infty} \frac{\mu^x}{(x-1)!} \exp(-\mu) = \mu \exp(-\mu) \sum_{x=1}^{\infty} \frac{\mu^{x-1}}{(x-1)!}$$

となり，$\exp(\mu)$ のマクローリン展開

$$\sum_{x=0}^{\infty} \frac{\mu^x}{x!} = \sum_{x=1}^{\infty} \frac{\mu^{x-1}}{(x-1)!} = \exp(\mu)$$

を適用すれば，式 (4.3) の二項分布の平均と一致する次の結果を得る．

$$E[X] = \mu = np \tag{4.7}$$

標準偏差 σ は，まず分散 $\sigma^2 = V(X)$ を求めると，

$$\begin{aligned}
\sigma^2 = V[X] &= \sum_{x=0}^{\infty}(x-\mu)^2 \frac{\mu^x}{x!}\exp(-\mu) \\
&= \exp(-\mu)\sum_{x=0}^{\infty} x^2 \frac{\mu^x}{x!} - \mu^2 = \exp(-\mu)\sum_{x=1}^{\infty} x\frac{\mu^x}{(x-1)!} - \mu^2 \\
&= \exp(-\mu)\sum_{x=1}^{\infty}(x-1)\frac{\mu^x}{(x-1)!} + \exp(-\mu)\sum_{x=1}^{\infty}\frac{\mu^x}{(x-1)!} - \mu^2 \\
&= \mu^2\exp(-\mu)\sum_{x=2}^{\infty}\frac{\mu^{x-2}}{(x-2)!} + \mu\exp(-\mu)\sum_{x=1}^{\infty}\frac{\mu^{x-1}}{(x-1)!} - \mu^2 = \mu
\end{aligned}$$

となるので，次のようになる．

$$\sigma = \sqrt{\mu} = \sqrt{np} \tag{4.8}$$

この結果は，式 (4.4) で $p \to 0$，すなわち，$p - p^2 \fallingdotseq p$ としたときに一致する．

ここで，1.3.3 項の故障率の定義を参照すれば，故障率が λ のアイテムを t 時間動作させたときの平均故障数 μ は，

$$\mu = \lambda t \tag{4.9}$$

となる．この平均故障数を式 (4.5) に適用すると，式 (4.5) の確率関数 $f(x)$ は，

$$f(x) = \frac{(\lambda t)^x}{x!}\exp(-\lambda t) \tag{4.10}$$

と表される．式 (4.10) は，故障率が λ のアイテムを t 時間動作させたとき，故障が x 回発生する確率を表すポアソン分布である．

一般に，ポアソン分布は出現確率の低い（偶発的に出現する）現象を，長時間あるいは広範囲に観測した結果を満足する分布として知られている．信頼性を検討する際の母集団の不良率 p は小さいので，二項分布より取扱いが相対的に簡単なポアソン分布のほうがよく用いられる．観測結果がポアソン分布に従うか否かは，平均と分散の値が一致することを利用して調べることができる．

図 4.2 は，平均 μ をパラメータとしたときのポアソン分布の確率関数の変化を示している．μ が大きくなるにつれて，左右対称の分布に近づく傾向をもつことが認められる．なお，μ が大きくなることは，式 (4.7) の関係よりサンプルサイズ n が大きくなる場合に対応する．

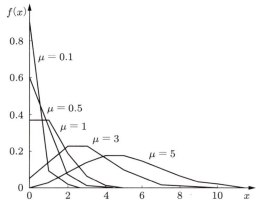

図 4.2 ポアソン分布の確率関数

例題 4.2 あるアイテムの 60 ヶ月間の故障数が 24 件であった．1 ヶ月当たり 3 件以上の故障が発生する確率 P を求めよ．ただし，故障の出現は偶発的であるとする．

[解] 1 ヶ月当たりの平均故障数 $\mu = 24/60 = 0.4$ 件/月であるから，1 ヶ月当たり x 件の故障が偶発的に発生する確率は，ポアソン分布の式 (4.5) より，

$$f(x) = \frac{(0.4)^x}{x!} \exp(-0.4)$$

と表される．1 ヶ月当たり 3 件以上の故障が発生する確率は，1 ヶ月当たり 0，1，2 件の故障発生確率の和を全確率の和 ($= 1$) から引けばよく，

$$P = 1 - \sum_{x=0}^{2} f(x) = 1 - \exp(-0.4) \sum_{x=0}^{2} \frac{(0.4)^x}{x!} \fallingdotseq 0.007926 = 0.7926\,\%$$

4.2 連続型確率分布

回数，個数や件数などの整数値しかとり得ない離散変数とは異なり，時間，質量や長さなど，すべての実数値をとり得る連続型確率変数の分布を**連続型確率分布**という．ここでは，指数分布，正規分布，対数正規分布，ワイブル分布について検討する．

■ 4.2.1 ■ 指数分布
(1) 関数の形

信頼性解析において，図 3.2 に示した故障曲線の第 II 期（偶発故障期間）の CFR 分布を表すのが**指数分布**である．すなわち，故障率 $\lambda(t)$ が時間 t に独立という関係，

$$\lambda(t) = \lambda = 一定 \tag{4.11}$$

を満足する分布である．このとき，信頼度関数は，式 (3.7) の関係より，

$$R(t) = \exp\left(-\int_0^t \lambda\, dt\right) = \exp(-\lambda t) \tag{4.12}$$

と表される．したがって，確率分布関数と確率密度関数は，それぞれ次式となる．

$$F(t) = 1 - R(t) = 1 - \exp(-\lambda t) \tag{4.13}$$

$$f(t) = -\frac{dR(t)}{dt} = \lambda \exp(-\lambda t) \tag{4.14}$$

指数分布の平均 $E[X] = \mu$ は，式 (2.46) の関係より，

$$\begin{aligned}
E[X] = \mu &= \int_0^\infty t f(t)\, dt = \int_0^\infty t\lambda \exp(-\lambda t)\, dt \\
&= \Big[-t\exp(-\lambda t)\Big]_0^\infty + \int_0^\infty \exp(-\lambda t)\, dt = \left[-\frac{1}{\lambda}\exp(-\lambda t)\right]_0^\infty \\
&= \frac{1}{\lambda}
\end{aligned} \tag{4.15}$$

となる．また，標準偏差 σ は，上式と同じ手法で式 (2.47) を用いて求めると，次のようになる．

$$\sigma = \sqrt{\int_0^\infty t^2 f(t)\, dt - \frac{1}{\lambda^2}} = \frac{1}{\lambda} \tag{4.16}$$

(2) 分布の特徴

図 4.3 は，故障率 λ をパラメータとして，確率密度関数の故障率依存性を示している．λ が大きくなるにつれて，$t = 0$ 側へ分布が集中していく傾向が認められる．故障率が時間に対して一定という特色をもつ指数分布は，3.1.1 項で説明した故障曲線の CFR 分布の期間における多くのアイテムの故障分布に適用できる大切な分布関数なので，信頼性の予測，設計および抜取試験などに，しばしば適用される．

指数分布は，式 (4.10) のポアソン分布において，故障発生回数 $x = 0$ とおいたときに帰納し，アイテムが無故障で動作する時間 t の分布を表している．ここで，3.3.2 項で説明した**平均故障寿命 (MTTF)**，**平均故障間動作時間 (MTBF)** の両者は，故障発生までの動作時間の期待値である．それゆえ，ある時点まで動作していたアイテムが，引き続く単位時間内に故障を起こす確率である故障率 λ と故障発生までの平均寿命 θ との間に，式 (3.17) と式 (3.19) の関係より，

$$\theta = \text{MTTF} = \int_0^\infty t f(t)\, dt = \frac{1}{\lambda}, \quad \theta = \text{MTBF} = \int_0^\infty t f(t)\, dt = \frac{1}{\lambda} \tag{4.17}$$

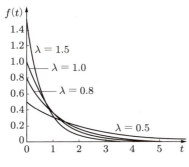

図 4.3 指数分布の確率密度関数

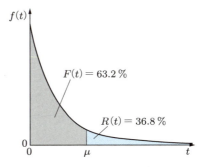

図 4.4 指数分布の平均 μ と信頼度

が成立することを意味している．なお，MTTF についての結果は，非修理系アイテム，一方，MTBF についての結果は，修理系アイテムの場合である．それゆえ，逆に，MTTF あるいは MTBF が定まると，λ を決定することができ，式 (4.12) より，信頼度 $R(t)$ を算定することができる．したがって，指数分布で表される CFR 分布の期間では，MTTF あるいは MTBF が，そのまま信頼性の尺度となる．

ここで，指数分布に従うアイテムの平均 μ の時点における信頼度 $R(\mu)$ は，式 (4.12) より，次のようになる．

$$R(\mu) = \exp(-1) \fallingdotseq 0.368 = 36.8\,\%$$

この結果は，図 4.4 に示すように，信頼度が上側確率を与えるという定義から，寿命試験において，平均寿命の時点でサンプルの 36.8 % しか残存しておらず，残りの 63.2 % がすでに故障していることを表している．その原因は，指数分布の密度関数が，$f(0)$ を最大値とする減少関数であるためであり，少数の長寿命アイテムが平均寿命に大きく寄与することに起因する．故障時間が短時間から非常に長い時間にわたって分布している指数分布に従うアイテムでは，一部残存するアイテムの故障データを得ることがきわめて困難となるので，その統計調査では，中途打切り試験を利用することが，必然的に多くなる．

例題 4.3 故障の発生が指数分布に従うとき，運用 1000 時間で 95 % の信頼度を保証するために必要な故障率 λ を求めよ．

［解］$t = 1000$ 時間，$R(1000) = 0.95$ であるから，式 (4.12) を故障率について書きなおせば，

$$\lambda = -\frac{\ln 0.95}{1000} \fallingdotseq 5.129 \times 10^{-5} \ /\text{時間}$$

■ 4.2.2 ■ 正規分布

工業製品の品質は，偶然の誤差によりばらつきを生じることがあると一般に認識されている．しかも，サンプルサイズの大きい調査結果を整理すると，凸状の左右対称の曲線で近似できる分布となるものが多数ある．もともと，偶発的に出現する現象を観測した際に得られるポアソン分布でも，図4.2で説明したように，サンプル数nが大きくなると，左右対称の山型分布に漸近する．

正規分布は，ポアソン分布においてサンプルサイズ$n \to \infty$としたときの極限分布である．そのため，正規分布は，偶然が原因であることがらの積み重ねによって生じる事象の多くが従う分布とされ，多くの部品からなるアイテムの故障分布や材料強度の安全係数の検討などに応用できる．さらに，母集団の分布関数が正規分布に従わなくても，その母集団から得たn個のサンプルの分布は，その数の増加につれてしだいに正規分布に近づくという**中心極限定理**とよばれる結果を示すので，正規分布は大切な分布としてよく使われている．

(1) 関数の形

平均$E[X] = \mu$，分散$\sigma^2 = V[X]$である正規分布は，$N(\mu, \sigma^2)$と表記し，その確率密度関数は，次式で表す$x = \mu$に関して対称な釣り鐘形の正規曲線である．

$$f(x) = \frac{1}{\sqrt{2\pi}\sigma} \exp\left\{-\frac{(x-\mu)^2}{2\sigma^2}\right\} \tag{4.18}$$

このとき，確率分布関数，信頼度関数，故障率関数は，それぞれ，次のようになる．

$$F(x) = \int_{-\infty}^{x} f(x)\,dx = \frac{1}{\sqrt{2\pi}\sigma} \int_{-\infty}^{x} \exp\left\{-\frac{(x-\mu)^2}{2\sigma^2}\right\} dx \tag{4.19}$$

$$R(x) = \int_{x}^{\infty} f(x)\,dx = \frac{1}{\sqrt{2\pi}\sigma} \int_{x}^{\infty} \exp\left\{-\frac{(x-\mu)^2}{2\sigma^2}\right\} dx \tag{4.20}$$

$$\lambda(x) = \frac{f(x)}{R(x)} = \frac{\exp\left\{-\dfrac{(x-\mu)^2}{2\sigma^2}\right\}}{\displaystyle\int_{x}^{\infty} \exp\left\{-\dfrac{(x-\mu)^2}{2\sigma^2}\right\} dx} \tag{4.21}$$

(2) 標準正規分布

いま，正規分布$N(\mu, \sigma^2)$に従う確率変数Xを，

$$T = \frac{X - \mu}{\sigma} \tag{4.22}$$

の変数変換によって，平均$E[T] = 0$，分散$V[T] = 1$の確率変数Tに変えることを，確率変数Xを標準化するという．標準化して得られる正規分布$N(0, 1)$を**標準正規**

分布とよぶ．その確率密度関数，確率分布関数，信頼度関数と故障率関数は，それぞれ

$$f(t) = \frac{1}{\sqrt{2\pi}} \exp\left(-\frac{t^2}{2}\right) = \phi(t) \tag{4.23}$$

$$F(t) = \frac{1}{\sqrt{2\pi}} \int_{-\infty}^{t} \exp\left(-\frac{t^2}{2}\right) dt = \Phi(t) \tag{4.24}$$

$$R(t) = 1 - F(t) = 1 - \Phi(t) = \Phi(-t) \tag{4.25}$$

$$\lambda(t) = \frac{f(t)}{R(t)} = \frac{\phi(t)}{\Phi(-t)} \tag{4.26}$$

と表される．ここで，$\phi(t)$ を標準正規密度関数，$\Phi(t)$ を標準正規分布関数といい，標準正規分布関数は，次の関数関係がある．

$$\Phi(t) = \frac{1}{2} + \frac{t}{\sqrt{2\pi}} \left\{ 1 - \frac{t^2}{3 \times 2 \times 1!} + \frac{t^4}{5 \times 2^2 \times 2!} + \right.$$
$$\left. \cdots + (-1)^n \frac{t^{2n}}{(2n+1) \times 2^n \times n!} + \cdots \right\} \tag{4.27}$$

あらためて，式 (4.18)〜(4.21) を式 (4.23)〜(4.26) の関係を用いて書きなおすと，次のようになる．

$$f(x) = \frac{1}{\sigma} \phi\left(\frac{x-\mu}{\sigma}\right) \tag{4.28}$$

$$F(x) = \Phi\left(\frac{x-\mu}{\sigma}\right) \tag{4.29}$$

$$R(x) = \Phi\left(\frac{\mu-x}{\sigma}\right) \tag{4.30}$$

$$\lambda(x) = \frac{f(x)}{R(x)} = \frac{\phi\left(\frac{x-\mu}{\sigma}\right)}{\sigma \Phi\left(\frac{\mu-x}{\sigma}\right)} \tag{4.31}$$

(3) 分布の特徴

図 4.5 は，$\mu = 0$ の場合の σ をパラメータとした式 (4.28) の確率密度関数と，式 (4.31) の故障率関数の基本的な様相を示している．図 4.5(a) に示す確率密度関数は，$x = 0$ に関して対称な釣り鐘形の正規曲線であり，図 4.5(b) に示すように，故障率は，x の増加につれて増加する曲線となる．この結果は，図 3.6(c) に示した IFR 分布の基本関数の形態と一致する．このため，正規分布は，ある時点で集中的に故障が発生する摩耗故障期間の IFR 分布の特性を記述するのに利用できる．たとえば，機械部品の故障，タイヤの寿命，電球の寿命などの特性評価である．

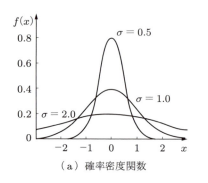
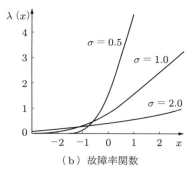

(a) 確率密度関数　　　　(b) 故障率関数

図 4.5　正規分布（$\mu = 0$ の場合）

ところで，標準正規分布では，確率変数 T が $T \geqq u$ の範囲の値をとる確率（上側確率 $100u$ %点）は，次のようになる．

$$P(T \geqq u) = \frac{1}{\sqrt{2\pi}} \int_u^\infty \exp\left(-\frac{t^2}{2}\right) dt = 1 - \Phi(u) \tag{4.32}$$

パーセント点に対する上側確率は式 (4.27) で求めることができるが，計算にすぐ適用できるように，式 (4.32) の値は，巻末の付表 1 に示してある．なお，式 (4.27) の計算精度（単精度の場合）は，$n \geqq 10$ としたとき，$T \leqq 2.5$ 程度までは，付表 1 の値に一致するが，$T > 2.5$ $(1 - \Phi(t) \leqq 0.00621)$ で急激に誤差が大きくなるので，使用に際しては注意が必要である．これは，計算機による数値計算において，不可避な誤差の問題として知られている．

例題 4.4　あるアイテムの寿命（単位：時間）が正規分布 $N(100, 25)$ に従っている．このアイテムの寿命が，90 時間以上になる確率 $R(t)$ を求めよ．

[解] 寿命の平均 $\mu = 100$ 時間，標準偏差 $\sigma = 5$ 時間であり，式 (4.22) に従って変数変換すると，$x = 90$ 時間での標準化した変数 $t = (90 - 100)/5 = -2$，すなわち，$t \geqq -2$ の範囲において x が 90 時間以上となるので，その確率は，式 (4.27) あるいは正規分布表（付表 1）より，

$$R(90) = 1 - \Phi(-2) = \Phi(2) = 1 - 0.02275 = 0.97725 = 97.725\ \%$$

■ 4.2.3 ■ 対数正規分布

(1) 関数の形

対数正規分布は，確率変数 Z（真数 Z）の対数 $X (= \ln Z)$ が，平均 $E[X] = \mu_L$，分散 $\sigma_L^2 = V[X]$ の正規分布 $N(\mu_L, \sigma_L^2)$ に従う分布である．このとき，確率変数 X の確率密度関数 $g(x)$ は，式 (4.18)，(4.28) より，次のように表される．

$$g(x) = \frac{1}{\sqrt{2\pi}\sigma_L} \exp\left\{-\frac{(x-\mu_L)^2}{2\sigma_L{}^2}\right\} = \frac{1}{\sigma_L}\phi\left(\frac{x-\mu_L}{\sigma_L}\right) \tag{4.33}$$

ここで,確率変数 Z の確率密度関数 $f(z)$ は,$dx/dz = 1/z$ の関係があるので,

$$\begin{aligned}f(z) &= g(x)\frac{dx}{dz} = \frac{1}{\sqrt{2\pi}\sigma_L z}\exp\left\{-\frac{(\ln z - \mu_L)^2}{2\sigma_L{}^2}\right\} \\ &= \frac{1}{\sigma_L z}\phi\left(\frac{\ln z - \mu_L}{\sigma_L}\right)\end{aligned} \tag{4.34}$$

となる.図 4.6(a) は,μ_L および σ_L をパラメータとしたときの確率密度関数が変化する様相を示している.確率密度関数の形態は σ_L の値に強く依存し,σ_L が小さくなるにつれて左右対称の正規分布に近づく.

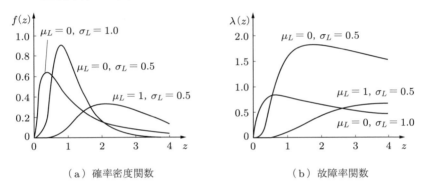

(a) 確率密度関数　　　　　(b) 故障率関数

図 4.6　対数正規分布

(2) 分布の特徴

対数正規分布の確率分布関数は,その定義に従うと,

$$F(z) = \int_0^z f(z)\,dz = \int_{-\infty}^{\ln z} g(x)\,dx = \Phi\left(\frac{\ln z - \mu_L}{\sigma_L}\right) \tag{4.35}$$

であり,信頼度関数と故障率関数は,それぞれ次式となる.

$$R(z) = \Phi\left(\frac{\mu_L - \ln z}{\sigma_L}\right) \tag{4.36}$$

$$\lambda(z) = \frac{f(z)}{R(z)} = \frac{\phi\left(\dfrac{\ln z - \mu_L}{\sigma_L}\right)}{\sigma_L z\,\Phi\left(\dfrac{\mu_L - \ln z}{\sigma_L}\right)} \tag{4.37}$$

この故障率関数変化の基本的な様相は,図 4.6(b) に示すとおり,故障率が z の増加につれて増加したのち漸減する傾向を示す.この傾向は実際のアイテムによく見られるパターンであるので,材料の破壊寿命,機器の修理時間や保全時間の分布,機械の実

働荷重頻度分布，電子部品の故障分布などをうまく表現できる関数となっている．

(3) 対数正規分布の平均と標準偏差

対数正規分布における平均 $E[Z]$ は，単純に $E[Z] = \mu = \exp(\mu_L)$ とすることは誤りなので，注意すべきである．なぜなら，式 (2.46) の平均の定義より，

$$E[Z] = \mu = \int_0^\infty z f(z)\,dz = \int_0^\infty \frac{1}{\sqrt{2\pi}\sigma_L} \exp\left\{-\frac{(\ln z - \mu_L)^2}{2\sigma_L{}^2}\right\} dz$$

となる関係を解いたとき，$E[Z] = \mu = \exp(\mu_L)$ という値は得られない．この式を解くためには，$\ln z - \mu_L = u$ の変数変換を行うと，

$$\begin{aligned} E[Z] = \mu &= \frac{1}{\sqrt{2\pi}\sigma_L} \int_{-\infty}^\infty \exp\left(-\frac{u^2}{2\sigma_L{}^2} + u + \mu_L\right) du \\ &= \frac{1}{\sqrt{2\pi}\sigma_L} \int_{-\infty}^\infty \exp\left\{-\frac{1}{2}\left(\frac{u}{\sigma_L} - \sigma_L\right)^2 + \mu_L + \frac{\sigma_L{}^2}{2}\right\} du \end{aligned}$$

となる．次に，再度 $u/\sigma_L - \sigma_L = v$ と変数変換し，

$$\int_{-\infty}^\infty \exp(-v^2/2)\,dv = \sqrt{2\pi}$$

の関係を利用して整理すると，平均は，次のようになる．

$$\begin{aligned} E[Z] = \mu &= \frac{1}{\sqrt{2\pi}} \exp\left(\mu_L + \frac{\sigma_L{}^2}{2}\right) \int_{-\infty}^\infty \exp\left(-\frac{v^2}{2}\right) dv \\ &= \exp\left(\mu_L + \frac{\sigma_L{}^2}{2}\right) \end{aligned} \tag{4.38}$$

一方，標準偏差 σ は，式 (2.47) の定義を用いて最初に分散 $\sigma^2 = V[Z]$ を求めるため，

$$\begin{aligned} \sigma^2 = V[Z] &= \int_0^\infty z^2 f(z)\,dz - \mu^2 \\ &= \int_0^\infty \frac{z}{\sqrt{2\pi}\sigma_L} \exp\left\{-\frac{(\ln z - \mu_L)^2}{2\sigma_L{}^2}\right\} dz - \mu^2 \end{aligned}$$

の関係式において，$\ln z - \mu_L = u$ の変数変換を行うと，

$$\begin{aligned} \sigma^2 = V[Z] &= \frac{1}{\sqrt{2\pi}\sigma_L} \int_{-\infty}^\infty \exp\left(-\frac{u^2}{2\sigma_L{}^2} + 2u + 2\mu_L\right) du - \mu^2 \\ &= \frac{1}{\sqrt{2\pi}\sigma_L} \int_{-\infty}^\infty \exp\left\{-\left(\frac{u}{\sqrt{2}\sigma_L} + \sqrt{2}\sigma_L\right)^2 + 2\mu_L + 2\sigma_L{}^2\right\} du - \mu^2 \end{aligned}$$

となるので，再度 $u/(\sqrt{2}\sigma_L) - \sqrt{2}\sigma_L = v$ と変数変換し，

$$\int_{-\infty}^{\infty} \exp(-v^2)\,dv = \sqrt{\pi}$$

の関係を利用すると，次の式を得る．

$$\begin{aligned}\sigma^2 = V[Z] &= \frac{1}{\sqrt{\pi}} \exp(2\mu_L + 2\sigma_L{}^2) \int_{-\infty}^{\infty} \exp(-v^2)\,dv - \mu^2 \\ &= \exp(2\mu_L + 2\sigma_L{}^2) - \exp(2\mu_L + \sigma_L{}^2)\end{aligned} \qquad (4.39)$$

したがって，標準偏差 σ は，次のように表される．

$$\sigma = \sqrt{\exp(2\mu_L + \sigma_L{}^2)\{\exp(\sigma_L{}^2) - 1\}} \qquad (4.40)$$

例題 4.5 平均故障寿命 MTTF（単位：時間）の分布が，平均 $\mu_L = 5$，分散 $\sigma_L{}^2 = 1$ の対数正規分布に従うアイテムがある．このアイテムの，(1) MTTF の期待値 μ と標準偏差 σ，(2) 運用 100 時間における信頼度 $R(100)$ と故障率 $\lambda(100)$，を求めよ．

[解] (1) MTTF の期待値と標準偏差は，それぞれ式 (4.38) と式 (4.40) より，

$$\mu = \exp(5 + 1/2) \fallingdotseq 244.7 \text{ 時間}$$
$$\sigma = \sqrt{\exp(2 \times 5 + 1) \times (e - 1)} \fallingdotseq 320.8 \text{ 時間}$$

(2) 運用 100 時間における信頼度は，確率変数を標準化すると $(\ln z - \mu_L)/\sigma_L = \ln 100 - 5 = -0.3948\cdots$ だから，$t > -0.3948$ が求める範囲で，式 (4.27) あるいは正規分布表（付表 1）より，

$$R(100) = 1 - \Phi(-0.3948) \fallingdotseq 1 - 0.3465 = 0.6535 = 65.35\ \%$$

故障率は，式 (4.37) より，

$$\lambda(100) = \frac{1}{0.6535} \frac{\exp\{-(-0.3948)^2/2\}}{\sqrt{2\pi} \times 1 \times 100} \fallingdotseq 0.005647 = 0.5647\ \%/\text{時間}$$

■ 4.2.4 ■ ワイブル分布

ワイブル分布は，1939 年にワイブル (W. Weibull) が金属材料の疲労寿命の研究において，「脆性材料の破壊は，材料中に分布するたがいに独立な欠陥の存在が原因となって起こる」と考察し，提案した分布である．今日では，故障曲線へ柔軟に適用できる性質があるので，信頼性解析にも広く用いられている．

(1) 関数の形

ワイブル分布の特徴は，故障率 $\lambda(t)$ が時間 t のべき乗，

$$\lambda(t) = k\, t^c \qquad (k,\ c：定数) \tag{4.41}$$

という関係で表されることである．このとき，信頼度関数は式 (3.4) の関係より，

$$R(t) = \exp\left\{-\int_0^t \lambda(t)\,dt\right\} = \exp\left(-\int_0^t k\,t^c\,dt\right) = \exp\left(-\frac{k}{c+1}t^{c+1}\right)$$

となるので，**形状母数** α と**尺度母数** β の 2 母数を用いて定数項を適宜置換すると，

$$R(t) = \exp\left\{-\left(\frac{t}{\beta}\right)^{\alpha}\right\} \qquad (\alpha > 0,\ \beta > 0) \tag{4.42}$$

と表すことができる．これより，確率分布関数と確率密度関数は，それぞれ，

$$F(t) = 1 - R(t) = 1 - \exp\left\{-\left(\frac{t}{\beta}\right)^{\alpha}\right\} \tag{4.43}$$

$$f(t) = -\frac{dR(t)}{dt} = \frac{\alpha}{\beta}\left(\frac{t}{\beta}\right)^{\alpha-1}\exp\left\{-\left(\frac{t}{\beta}\right)^{\alpha}\right\} \tag{4.44}$$

となる．図 4.7(a) に，$\beta = 1$ としたときの α をパラメータとした確率密度関数が変化する様相を示す．α 値が大きくなるにつれて，しだいに左右対称の正規分布に似た曲線に漸近する傾向が認められる．

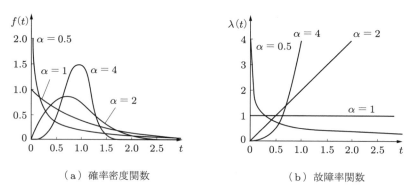

(a) 確率密度関数　　　　　　　(b) 故障率関数

図 4.7　ワイブル分布（$\beta = 1$ の場合）

(2) 分布の特徴

式 (4.41) の故障率を，2 母数 α，β を用いて表すと，次式を得る．

$$\lambda(t) = \frac{f(t)}{R(t)} = \frac{\alpha\,t^{\alpha-1}}{\beta^{\alpha}} \tag{4.45}$$

故障率の時間依存性の傾向を調べるために t で微分すると，次のようになる．

$$\frac{d\lambda(t)}{dt} = \frac{\alpha(\alpha-1)\,t^{\alpha-2}}{\beta^{\alpha}}$$

これより，図 4.7(b) の故障率関数の分布で示されるように，故障率には，
① $\alpha < 1$：時間の経過に対し減少（DFR 分布，初期故障期間）
② $\alpha = 1$：時間に独立で一定（CFR 分布，偶発故障期間）
③ $\alpha > 1$：時間の経過に対し増加（IFR 分布，摩耗故障期間）
の性質がある．② の $\alpha = 1$ のときには，$\lambda(t) =$ 一定で，指数分布と一致する．

この結果は，ワイブル分布が，形状母数 α の大小によって，初期故障期間，偶発故障期間および摩耗故障期間のすべての故障分布に適用可能であることを示している．すなわち，図 3.6 に示した信頼性の基本関数の形態すべてに対応することができるという利点がある．そのため，α 値の変化から，故障メカニズムの変化や**加速試験**（9.1.3 項参照）における部品に対する温度，湿度，応力，電圧などのストレスの適用限界を明らかにすることができ，この点がワイブル分布の特徴である．

(3) ワイブル分布の平均と標準偏差

ワイブル分布の平均 $E[T] = \mu$ は，$u = (t/\beta)^\alpha$ の変数変換を用いると，式 (2.46) の定義より，

$$E[T] = \mu = \int_0^\infty t f(t)\, dt = \int_0^\infty \frac{\alpha t^\alpha}{\beta^\alpha} \exp\left\{-\left(\frac{t}{\beta}\right)^\alpha\right\} dt$$

$$= \beta \int_0^\infty u^{1/\alpha} \exp(-u)\, du \tag{4.46}$$

となる．ここで，付録 A.1 に示す**ガンマ関数**，

$$\Gamma(x) = \int_0^\infty u^{x-1} \exp(-u)\, du$$

において，$x - 1 = 1/\alpha$ と置換すれば，式 (4.46) から，平均として次の関係を得る．

$$E[T] = \beta \Gamma\left(1 + \frac{1}{\alpha}\right) \tag{4.47}$$

一方，標準偏差 σ は，まず分散 $\sigma^2 = V[T]$ を求めると，

$$\sigma^2 = V[T] = \int_0^\infty t^2 f(t)\, dt - \mu^2$$

$$= \int_0^\infty \frac{\alpha t^{\alpha+1}}{\beta^\alpha} \exp\left\{-\left(\frac{t}{\beta}\right)^\alpha\right\} dt - \beta^2 \left\{\Gamma\left(1 + \frac{1}{\alpha}\right)\right\}^2$$

$$= \beta^2 \int_0^\infty u^{2/\alpha} \exp(-u)\, du - \beta^2 \left\{\Gamma\left(1 + \frac{1}{\alpha}\right)\right\}^2$$

$$= \beta^2 \Gamma\left(1 + \frac{2}{\alpha}\right) - \beta^2 \left\{\Gamma\left(1 + \frac{1}{\alpha}\right)\right\}^2 \tag{4.48}$$

となるので，次のようになる．

$$\sigma = \beta \sqrt{\Gamma\left(1 + \frac{2}{\alpha}\right) - \left\{\Gamma\left(1 + \frac{1}{\alpha}\right)\right\}^2} \tag{4.49}$$

任意の x 値（ただし，$x > 0$）に対する $\Gamma(1+x)$ の値は，付録 A.1 に従えば計算でき，その結果を巻末の付表 3 に示す．

例題 4.6 故障寿命の分布（単位：時間）が $\alpha = 5$，$\beta = 150$ のワイブル分布に従うアイテムがある．このアイテムの，(1) 平均故障寿命 MTTF と標準偏差 σ，(2) 運用 100 時間における信頼度 $R(100)$ と故障率 $\lambda(100)$，を求めよ．

[解] (1) 平均故障寿命と標準偏差は，それぞれ式 (4.47) と式 (4.49) において，付録 A.1 あるいは付表 3 で $\Gamma(1+1/\alpha) = \Gamma(1.2) = 0.918125$，$\Gamma(1+2/\alpha) = \Gamma(1.4) = 0.887295$ より，

$$\text{MTTF} = 150\Gamma(1.2) \fallingdotseq 137.7 \text{ 時間}$$

$$\sigma = 150\sqrt{\Gamma(1.4) - \{\Gamma(1.2)\}^2} \fallingdotseq 31.54 \text{ 時間}$$

(2) 信頼度と故障率は，それぞれ式 (4.42) と式 (4.45) より，

$$R(100) = \exp\left\{-\left(\frac{100}{150}\right)^5\right\} \fallingdotseq 0.8766 = 87.66 \%$$

$$\lambda(100) = \frac{5 \times 100^{5-1}}{150^5} \fallingdotseq 0.006584 = 0.6584 \text{ \%/時間}$$

■ 4.2.5 ■ 3 母数ワイブル分布

寿命の観測値 t をワイブル分布で整理しようとするとき，寿命にはある下限界値 γ が存在するとして，式 (4.42) の信頼度を，

$$R(t) = \exp\left\{-\left(\frac{t-\gamma}{\beta}\right)^\alpha\right\} \tag{4.50}$$

と書き換えると，観測値がよくあてはまることがある．これが **3 母数ワイブル分布** であり，下限界値 γ を **位置母数** とよぶ．一般に，ワイブル分布といえば $\gamma = 0$ の **2 母数ワイブル分布** をさすが，混同するおそれがある場合には，2 母数か 3 母数かを明記しなければならない．

3 母数ワイブル分布の確率密度関数，確率分布関数，故障率および平均は，2 母数ワイブル分布の場合と同様にして計算すると，それぞれ，

$$f(t) = \frac{\alpha}{\beta}\left(\frac{t-\gamma}{\beta}\right)^{\alpha-1} \exp\left\{-\left(\frac{t-\gamma}{\beta}\right)^\alpha\right\} \tag{4.51}$$

$$F(t) = 1 - \exp\left\{-\left(\frac{t-\gamma}{\beta}\right)^{\alpha}\right\} \tag{4.52}$$

$$\lambda(t) = \frac{\alpha}{\beta}\left(\frac{t-\gamma}{\beta}\right)^{\alpha-1} \tag{4.53}$$

$$E[T] = \mu = \gamma + \beta \Gamma\left(1 + \frac{1}{\alpha}\right) \tag{4.54}$$

となるが,散らばり度合いを表す標準偏差は,式 (4.49) のままである.

式 (4.41)〜(4.44) と式 (4.51)〜(4.54) を比較すれば明らかであるが,図 4.7 に示した密度関数,故障率関数の図は,下限界値 γ の大きさに対応して,図 4.8 に示すように,右方へ移行する.なお,信頼性において位置母数 γ が表す下限界値は,寿命の保証期間に相当する.これに対し,保全性における γ 値は,改善の見込みのまったくない準備期間などに相当する.

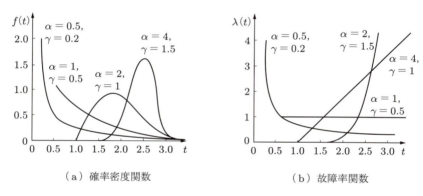

図 4.8 3 母数ワイブル分布（$\beta = 1$ の場合）

演習問題 4

4.1 あるアイテムは,不良率 $p = 0.002$ である.このアイテムを 1000 台販売したときの不良品が 4 台以下である確率 $F(4)$ を,二項分布に従う場合と,ポアソン分布に従う場合について求め,両者の誤差を評価せよ.

4.2 ポアソン分布に従うアイテム A と B の故障率は,それぞれ $\lambda_A = 0.5$ /年 と $\lambda_B = 0.3$ /年 である.このアイテム A と B を各 2 台ずつ使用するとき,年間の故障数が 4 件以下である確率 $F(4)$ を求めよ.

4.3 あるアイテムの故障率は,$\lambda = 0.005$ /時間 である.このアイテム 20 台を 15 時間使用するとき,(1) 故障しない確率 $f(0)$,(2) 1 台が故障する確率 $f(1)$,を求めよ.ただし,故障の出現は偶発的であるとする.

4.4 あるアイテム 14 台が故障するまでの運用時間の分布（単位：時間）は，以下に示すとおりであった．故障分布が指数分布に従うものとして，(1) 平均故障寿命 MTTF と標準偏差 σ，(2) このアイテムの運用 300 時間における信頼度 $R(300)$，(3) 信頼度が 90 % になる運用時間 t，を求めよ．

380, 60, 140, 430, 230, 310, 100, 160, 270, 290, 190, 250, 210, 340

4.5 A 社と B 社のアイテムの寿命（単位：時間）は，それぞれ正規分布 $N(65, 25)$ と $N(70, 100)$ に従っている．このアイテムの寿命が，50 時間以上になる確率 $R_A(50)$ と $R_B(50)$ を求め，寿命 50 時間における両社の部品の優劣を比較せよ．

4.6 あるアイテムの故障検知までの時間，修理時間，再調整時間（単位：分）は，それぞれ正規分布 $N(6, 5)$，$N(20, 7)$，$N(3, 4)$ に従っている．このアイテムが 10 台あるとき，(1) 故障検知から再調整終了までの総修復時間の期待値 MTTR と標準偏差 σ，(2) 総修復時間が 5 時間以上となる確率 P，を求めよ．

4.7 故障寿命の分布（単位：時間）が，$\alpha = 4$，$\beta = 80$，$\gamma = 15$ の 3 母数ワイブル分布に従うアイテムがある．このアイテムの，(1) 平均故障寿命 MTTF と標準偏差 σ，(2) 運用 100 時間における信頼度 $R(100)$ と故障率 $\lambda(100)$，を求めよ．

第5章 信頼性データの統計的解析

　信頼性試験を行って寿命（故障）分布を測定し，信頼度や平均故障時間などの信頼性データを定量的に評価するにあたり，信頼性の母数を把握する必要がある．そのためには，観測データがどのような分布関数に従っているかを検討しなければならない．分布に観測データをあてはめ評価する方法として，5.1節で線形回帰分析による推定方法を紹介し，5.2節で最尤法による推定方法を示し，推定した分布のχ^2適合度検定の方法について5.3節で説明する．

5.1　回帰分析

　一方の変化が他方の変化に関連している変数の間の相互関係を**相関**とよび，変数間の関係を関数の形で表すことを**回帰分析**という．ここでは，2変数xとyのデータを対象とする**線形回帰分析**について検討する．

　信頼性データの解析に際して，確率分布に観測データをあてはめ**回帰直線**として表すことにより，信頼性の母数を直接求める方法は，コンピュータ時代の一手法である．このような回帰分析は，特性値の劣化パターンなどの分布関数を用いた評価だけでなく，寿命と温度，湿度，応力，電圧などのストレスとの関係，寿命と初期特性値との関係などの把握を通して，信頼性の向上をはかるための有効な方法となっている．

■ 5.1.1 ■ 相関係数

　求めた回帰直線における2変数xとyの相関関係の強弱は，観測データが回帰直線のまわりに集まっている度合いで表され，**相関係数**という尺度で定量化される．大きさnの観測データ(x_i, y_i)（ただし，$i = 1, 2, \cdots, n$）に対する相関係数rは，次のように表される．

$$r = \frac{\sum_{i=1}^{n} p_i (x_i - \mu_x)(y_i - \mu_y)}{\sqrt{\sum_{i=1}^{n} p_i (x_i - \mu_x)^2 \sum_{i=1}^{n} p_i (y_i - \mu_y)^2}} = \frac{\sum_{i=1}^{n} p_i x_i y_i - \mu_x \mu_y}{\sigma_x \sigma_y} \quad (5.1)$$

ここで，p_iは相対度数，μ_x，μ_yはx，yの平均，σ_x，σ_yはx，yの標準偏差である．
　相関係数は$-1 \leqq r \leqq 1$の範囲にあり，$0 < r \leqq 1$であるとき，変数xの増加に対し

て，変数 y も増加する傾向を示す．これが，図 5.1(a) の場合で，x と y の間に正の相関があるという．これに対し，$-1 \leqq r < 0$ であるとき，x の増加に対して，y が減少する傾向を示す．これが，図 5.1(b) の場合で，x と y の間に負の相関があるという．$r = 0$ のときには，図 5.1(c) に示すように，x と y の間に一定の関係が存在せず，無相関であるという．一般に，相関関係があると認められるのは $|r| > 0.5$ のときであり，相関関係がほとんど認められないのは $|r| < 0.3$ のときである．あてはめた回帰直線の相関係数の大小を通して，あてはめた確率分布との相関関係の相対評価ができる．

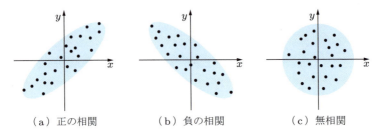

(a) 正の相関　　　　(b) 負の相関　　　　(c) 無相関

図 5.1　相関関係と分布状態の概要

■ 5.1.2 ■ 線形回帰分析

2 変数 x と y の間の関係を最適な一次関数で表す方法が，線形回帰分析である．線形回帰分析では，

$$y = A_0 + A_1 x \tag{5.2}$$

と表す回帰直線が，大きさ n の観測データ (x_i, y_i)（ただし，$i = 1, 2, \cdots, n$）を最も満足するように，**回帰係数** A_0，A_1 を決めることを考える．その方法を**最小二乗法**といい，たとえば，図 5.2 に示す観測データ (x_i, y_i) に対する予測誤差の平方和 S_E，

$$S_E = \sum_{i=1}^{n} p_i \{y_i - (A_0 + A_1 x_i)\}^2$$

を最小にする 2 つの定数 A_0，A_1 を求める方法である．なお，p_i は相対度数である．この予測誤差最小の条件は，偏微分方程式，

$$\frac{\partial S_E}{\partial A_0} = 2 \sum_{i=1}^{n} p_i (A_0 + A_1 x_i - y_i) = 0$$

$$\frac{\partial S_E}{\partial A_1} = 2 \sum_{i=1}^{n} p_i (A_0 x_i + A_1 x_i{}^2 - y_i x_i) = 0$$

が成立するときである．この連立方程式を解いて A_0，A_1 を求めると，A_1 は，

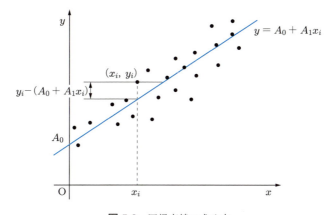

図 5.2　回帰直線の求め方

$$A_1 = \frac{\sum_{i=1}^{n} p_i x_i y_i - \mu_x \mu_y}{\sum_{i=1}^{n} p_i x_i^2 - \mu_x^2} \tag{5.3}$$

となる．なお，μ_x と μ_y はそれぞれ x と y の平均である．一方，A_0 は，

$$A_0 = \mu_y - A_1 \mu_x \tag{5.4}$$

の関係から求めることができる．

　以下では，母集団から大きさ n のデータ $x_1, x_2, \cdots, x_n$ が得られたとき，このデータに対応する累積確率 $F_1, F_2, \cdots, F_n$ を式 (3.10) のミーンランクを適用して求め，2変数のデータ (x_i, F_i) を用いて，正規分布，対数正規分布およびワイブル分布の分布関数に含まれる母数を，線形回帰分析によって推定する方法を示す．すなわち，式 (5.3), (5.4) で与えられる回帰係数を求めるために必要な変数変換の方法と，求めた回帰係数から分布関数の母数を求める手順の例示である．

■ 5.1.3 ■ 正規分布の母数

　正規分布 $N(\mu, \sigma^2)$ の場合には，式 (4.29) に示す標準正規分布関数 $\Phi(x)$ を，**逆標準正規分布関数** $\Phi^{-1}(F)$ を用いて書き換えると，次の関係を得る．

$$\Phi^{-1}(F) = \frac{x}{\sigma} - \frac{\mu}{\sigma} \tag{5.5}$$

ここで，逆標準正規分布関数 $\Phi^{-1}(F)$ は，確率 $\Phi(u) = F$ を満足する u 値を表す．

　最初に，式 (5.5) を式 (5.2) に対応させるため，n 組のデータ (x_i, F_i)（ただし，$i = 1$,

2, $\cdots$, n) の F_i を，逆標準正規分布関数で，

$$y_i = \Phi^{-1}(F_i)$$

と変数変換し，回帰分析に必要な (x_i, y_i) のデータとする．このデータにもとづき，それぞれ式 (5.3)，(5.4) より，回帰係数 A_0，A_1 を求める．次に，式 (5.2) と式 (5.5) を比較すると，傾き $A_1 = 1/\sigma$，y 切片 $A_0 = -\mu/\sigma$ となるので，母数の μ と σ は，それぞれ，次式で与えられる．

$$\mu = -\frac{A_0}{A_1}, \qquad \sigma = \frac{1}{A_1} \tag{5.6}$$

なお，上側確率に対するパーセント点の値は逆標準正規分布関数表として巻末の付表 2 に示しているが，付録 A.2 に示す数値解法で求めることもできる．

例題 5.1 あるアイテム 14 個の故障時間の観測値（単位：時間）は，以下に示すとおりであった．この分布が正規分布に従うものとして，線形回帰分析の手法を用いて期待値 μ と標準偏差 σ を求めよ．
33.5, 21.5, 19, 24, 35, 27, 23, 29.5, 31, 26, 28.5, 25, 27.5, 32

［解］小さな値から大きさ順に整理し，式 (3.10) を用いて累積確率 F，さらに $y = \Phi^{-1}(F)$ を求めると，表 5.1 の結果を得る．

表 5.1

故障時間	19	21.5	23	24	25	26	27
累積確率	0.067	0.133	0.200	0.267	0.333	0.400	0.467
$y = \Phi^{-1}(F)$	-1.501	-1.109	-0.842	-0.623	-0.431	-0.253	-0.084
故障時間	27.5	28.5	29.5	31	32	33.5	35
累積確率	0.533	0.600	0.667	0.733	0.800	0.867	0.933
$y = \Phi^{-1}(F)$	0.084	0.253	0.431	0.623	0.842	1.109	1.501

回帰直線を求めるのに必要な係数は，たとえば，付録 A.3(1) のように計算すると，

$$\mu_x = 27.32\cdots, \quad \mu_y = 0, \quad \sum_{i=1}^{14} \frac{1}{14} x_i y_i = 3.705\cdots, \quad \sum_{i=1}^{14} \frac{1}{14} x_i^2 = 766.37\cdots$$

となる．したがって，式 (5.3)，(5.4) より，回帰係数 $A_0 = -5.08367\cdots$，$A_1 = 0.186069\cdots$ なので，回帰直線は，$y = -5.084 + 0.1861x$ と表すことができる．これを正規確率紙にプロットした結果が図 5.3 である．このとき，期待値と標準偏差は，式 (5.6) より，

$$\mu = \frac{5.0836\cdots}{0.1860\cdots} \fallingdotseq 27.32 \text{ 時間}, \qquad \sigma = \frac{1}{0.1860\cdots} \fallingdotseq 5.374 \text{ 時間}$$

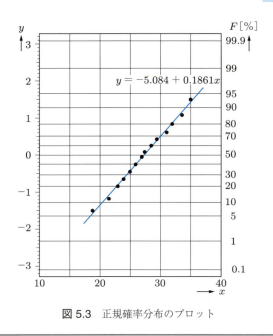

図 5.3 正規確率分布のプロット

5.1.4 対数正規分布の母数

対数正規分布の場合には，真数 z の対数 $x = \ln z$ に関し，式 (4.35) で表される x の期待値 μ_L，分散 $\sigma_L{}^2$ の対数正規分布の確率分布関数 $F(x)$ を，正規分布で示した手順に従って，逆標準正規分布関数 $\Phi^{-1}(F)$ を用いて書き換えると，次の関係を得る．

$$\Phi^{-1}(F) = \frac{\ln z}{\sigma_L} - \frac{\mu_L}{\sigma_L} \tag{5.7}$$

ここで，式 (5.7) を式 (5.2) に対応させるため，n 組のデータ (z_i, F_i)（ただし，$i = 1, 2, \cdots, n$）を，

$$x_i = \ln z_i, \qquad y_i = \Phi^{-1}(F_i)$$

と変数変換して，回帰分析に必要な (x_i, y_i) のデータとする．その回帰係数 A_0, A_1 を式 (5.3), (5.4) より求めるため，式 (5.2) と式 (5.7) の関係を考慮すると，傾き $A_1 = 1/\sigma_L$，y 切片 $A_0 = -\mu_L/\sigma_L$ に対応するので，母数の μ_L と σ_L は，それぞれ，

$$\mu_L = -\frac{A_0}{A_1}, \qquad \sigma_L = \frac{1}{A_1} \tag{5.8}$$

と求めることができる．対数正規分布に従う真数 z の期待値 μ と標準偏差 σ は，それぞれ式 (4.38) と式 (4.40) を用いて求める．

例題 5.2

あるアイテム 12 個の故障時間の観測値（単位：時間）は，以下に示すとおりであった．この分布が対数正規分布に従うものとして，線形回帰分析の手法を用いて期待値 μ と標準偏差 σ を求めよ．

170, 430, 230, 140, 210, 285, 340, 190, 395, 240, 310, 260

［解］ 対数正規分布に従うとき，小さな値から大きさ順に整理し，$x = \ln z$ および式 (3.10) を用いて累積確率 F を求め，さらには $y = \Phi^{-1}(F)$ を求めると，次の表 5.2 の結果を得る．

表 5.2

$x = \ln z$	4.942	5.136	5.247	5.347	5.438	5.481
累積確率	0.077	0.154	0.231	0.308	0.385	0.462
$y = \Phi^{-1}(F)$	-1.426	-1.020	-0.736	-0.502	-0.293	-0.097
$x = \ln z$	5.561	5.652	5.737	5.829	5.979	6.064
累積確率	0.538	0.615	0.692	0.769	0.846	0.923
$y = \Phi^{-1}(F)$	0.097	0.293	0.502	0.736	1.020	1.426

このデータ (x_i, y_i) を用いて，たとえば，付録 A.3(2) に示すように計算すると，

$$\mu_x = 5.534\cdots, \quad \mu_y = 0, \quad \sum_{i=1}^{12} \frac{1}{12} x_i y_i = 0.2629\cdots, \quad \sum_{i=1}^{12} \frac{1}{12} x_i^2 = 30.73\cdots$$

となる．したがって，式 (5.3), (5.4) より，回帰係数 $A_0 = -13.856\cdots$, $A_1 = 2.5037\cdots$

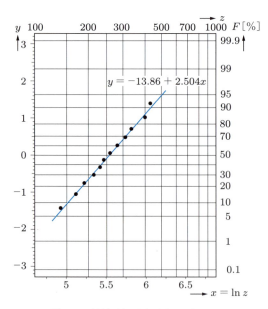

図 5.4　対数正規確率分布のプロット

なので，回帰直線は，$y = -13.86 + 2.504x$ と表すことができる．これを対数正規確率紙にプロットした結果が図5.4である．このとき，式 (5.8) より期待値 $\mu_L = 5.5343\cdots$，標準偏差 $\sigma_L = 0.399408\cdots$ となり，付録 A.3(2) に計算結果を示す真数の期待値と標準偏差は，それぞれ式 (4.38)，(4.40) より，

$$\mu = \exp\left(5.5343\cdots + \frac{0.3994\cdots^2}{2}\right) \fallingdotseq 274.26 \text{ 時間}$$

$$\sigma = \sqrt{\exp\left(2 \times 5.5343\cdots + 0.3994\cdots^2\right)\{\exp\left(0.3994\cdots^2\right) - 1\}} \fallingdotseq 114.06 \text{ 時間}$$

■ 5.1.5 ■ 2母数ワイブル分布の母数

式 (4.43) で表される **2母数ワイブル分布** の確率分布関数，

$$F = 1 - \exp\left\{-\left(\frac{t}{\beta}\right)^\alpha\right\}$$

を，$1/(1-F) = \exp(t/\beta)^\alpha$ と書き換え，2回対数をとると，次の関係を得る．

$$\ln\{\ln(1-F)^{-1}\} = \alpha \ln t - \alpha \ln \beta \tag{5.9}$$

さらに，式 (5.9) を式 (5.2) に対応させるために，大きさ n のデータ (t_i, F_i) (ただし，$i = 1, 2, \cdots, n$) を，

$$x_i = \ln t_i, \qquad y_i = \ln\{\ln(1-F_i)^{-1}\}$$

と変数変換し，解析に必要な (x_i, y_i) のデータとする．このデータに関し，式 (5.3)，(5.4) の関係より，回帰係数 A_0，A_1 を求めると，傾き $A_1 = \alpha$，y 切片 $A_0 = -\alpha \ln \beta$ に対応するので，母数の α と β は，次のようになる．

$$\alpha = A_1, \qquad \beta = \exp\left(-\frac{A_0}{\alpha}\right) \tag{5.10}$$

なお，期待値 μ と標準偏差 σ は，それぞれ式 (4.47) と式 (4.49) に，式 (A.4) もしくは付表3に示したガンマ関数表から求めた $\Gamma(1 + 1/\alpha)$ 値と $\Gamma(1 + 2/\alpha)$ 値を適用して求める．

例題 5.3 あるアイテム100個の故障データ（単位：時間）として，表5.3の結果を得た．この分布がワイブル分布に従うものとして，線形回帰分析の手法を用いて，分布の母数 α と β，期待値 μ と標準偏差 σ を求めよ．

表 5.3

経過時間	2	3	7	14	25	40	48
累積故障数	2	4	14	36	64	86	96

[解] 上述した手順に従ってデータを整理するため，$x = \ln t$，式 (3.10) で $n = 100$ として累積確率 F，さらに，$y = \ln\left\{\ln\left(1-F\right)^{-1}\right\}$ の値を求めると，表 5.4 の結果を得る．

表 5.4

$x = \ln t$	0.693	1.099	1.946	2.639	3.219	3.689	3.871
累積確率	0.0198	0.0396	0.1386	0.3564	0.6337	0.8515	0.9505
$y = \ln\{\ln(1-F)^{-1}\}$	-3.9120	-3.2087	-1.9024	-0.8193	0.0042	0.6456	1.1005

続いて，相対度数を p_i として，たとえば付録 A.3(3) に示すように計算すると，

$$\mu_x = 3.0322\cdots, \qquad \mu_y = -0.27047\cdots$$

$$\sum_{i=1}^{7} p_i x_i y_i = -0.01759\cdots, \qquad \sum_{i=1}^{7} p_i {x_i}^2 = 9.7271\cdots$$

となる．したがって，式 (5.3)，(5.4) より，回帰係数 $A_0 = -4.8402\cdots$，$A_1 = 1.5070\cdots$ なので，回帰直線は，$y = -4.840 + 1.507x$ と表すことができる．これをワイブル確率紙にプロットした結果が図 5.5 である．このとき，式 (5.10) の関係より，2 母数は，

$$\alpha = 1.5070\cdots, \qquad \beta = \exp\left(\frac{4.8402\cdots}{1.5070\cdots}\right) = 24.82\cdots$$

$\Gamma(1+1/\alpha) = \Gamma(1.6635\cdots) = 0.9022\cdots$，$\Gamma(1+2/\alpha) = \Gamma(2.3270\cdots) = 1.186\cdots$ だから，期待値と標準偏差は，それぞれ式 (4.47) と式 (4.49) より，

$$\mu = 24.82\cdots \times \Gamma(1.6635\cdots) \fallingdotseq 22.40 \text{ 時間}$$

$$\sigma = 24.82\cdots \times \sqrt{\Gamma(2.3271\cdots) - \{\Gamma(1.6635\cdots)\}^2} \fallingdotseq 15.14 \text{ 時間}$$

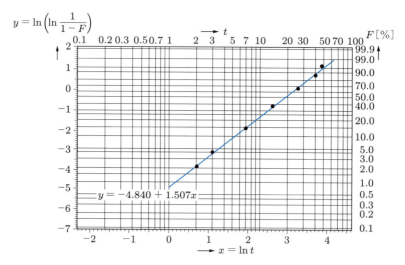

図 5.5　ワイブル確率分布のプロット

■ 5.1.6 ■ 3母数ワイブル分布の母数

3母数ワイブル分布の場合は，式 (4.52) の確率分布関数を，2母数ワイブル分布における手順に従って，2回対数をとって変形すると，次式となる．

$$\ln\{\ln(1-F)^{-1}\} = \alpha\ln(t-\gamma) - \alpha\ln\beta \tag{5.11}$$

式 (5.11) を式 (5.2) に対応させるために，**位置母数** γ のとり得る範囲を考慮した任意の γ 値について，n 組のデータ (t_i, F_i) を $(t_i - \gamma, F_i)$（ただし，$i = 1, 2, \cdots, n$）とし，このデータをさらに，

$$x_i = \ln(t_i - \gamma), \qquad y_i = \ln\{\ln(1-F_i)^{-1}\}$$

の変数変換を行い，解析に必要な (x_i, y_i) のデータとする．このデータをワイブル確率紙にプロットすると，図 5.6(a) に示すように，普通は $\gamma = 0$ の場合が右端に来て，γ が大きくなるにつれて左方へ移動し，上に凸の曲線がしだいに直線となり，下に凸の曲線へと遷移する．

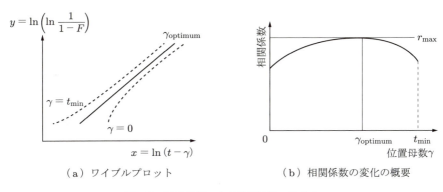

(a) ワイブルプロット　　　　　(b) 相関係数の変化の概要

図 5.6　回帰分析による位置母数の決め方

こうして求めたデータについて，回帰直線を求める計算を行って得られる相関係数 r と位置母数 γ との関係は，図 5.6(b) に例示する分布になると想定できる．ここで，解とする γ は，r の最大値 $r_{\max}$ を与える $\gamma (= \gamma_{\text{optimum}})$ とみなせる．そのため，初期値 $\gamma = 0$ から順次 $0 \leqq \gamma < t_{\min}$（ただし，$t_{\min}$ は観測値 t の最小値）の範囲で，適宜 γ を変えた繰返し計算を行い，$r_{\max}$ を与える γ 値を解として決定する．

求めた位置母数 γ を用いて前述の解析を行うと，式 (5.3) と式 (5.4) より求めた回帰係数 A_0, A_1 は，傾き $A_1 = \alpha$，y 切片 $A_0 = -\alpha\ln\beta$ であるので，α, β の値は，2母数ワイブル分布の場合と同じく，式 (5.10) で求めることができる．さらに，平均 μ と標準偏差 σ は，それぞれ式 (4.54) と式 (4.49) に，式 (A.4) もしくは付録 A.1 に示したガンマ関数表から求めた $\Gamma(1 + 1/\alpha)$ と $\Gamma(1 + 2/\alpha)$ を適用して求める．

5.2 最尤法

■ 5.2.1 ■ 最尤推定値

最尤法は，有限個の測定値で形成される母集団から，母集団分布を表す分布関数の未知の母数を推定しようとする統計的推定法である．

たとえば，2 母数 a, b をもつ分布関数において，$f(x; a,b)$ と表す確率密度の母集団から，大きさ n のデータ $x_1, x_2, \cdots, x_n$ が得られたとする．このデータに対応する確率密度 $f(x_1; a,b), f(x_2; a,b), \cdots, f(x_n; a,b)$ が，a および b の関数であると考える場合を，**尤度**（ゆうど）という．最尤法は，尤度を最大にする a と b の値，

$$\hat{a} = \hat{a}(x_1, x_2, \cdots, x_n), \qquad \hat{b} = \hat{b}(x_1, x_2, \cdots, x_n)$$

を求め，$\hat{a}$ と $\hat{b}$ をそれぞれ母数 a と b の推定値とする方法であり，求めた推定値を**最尤推定値**という．

最尤推定値は，尤度方程式を用いて求める．2 母数 a, b をもつ分布の場合には，それぞれ a と b の尤度方程式 L_a と L_b は，次の式で表される．

$$L_a = \sum_{i=1}^{n} \frac{\partial \ln f(x_i;\ a,b)}{\partial a} = 0, \qquad L_b = \sum_{i=1}^{n} \frac{\partial \ln f(x_i;\ a,b)}{\partial b} = 0 \tag{5.12}$$

この連立方程式より，最尤推定値 $\hat{a}$ と $\hat{b}$ を求めることができる．以下では，指数分布，正規分布，対数正規分布，2 母数ワイブル分布に関する最尤法の取り扱い法を示す．

■ 5.2.2 ■ 指数分布の母数

指数分布における母数は故障率 λ の 1 個であり，確率密度関数は式 (4.14) より，

$$f(x;\ \lambda) = \lambda \exp(-\lambda x)$$

と表される．この式の対数をとると，次式となる．

$$\ln f(x;\ \lambda) = \ln \lambda - \lambda x$$

これを式 (5.12) に従って偏微分すると，故障率 λ の尤度方程式 L_λ は，

$$L_\lambda = \sum_{i=1}^{n} \frac{\partial (\ln \lambda - \lambda x_i)}{\partial \lambda} = \frac{\partial \left(n \ln \lambda - \lambda \sum_{i=1}^{n} x_i \right)}{\partial \lambda} = \frac{n}{\lambda} - \sum_{i=1}^{n} x_i = 0$$

となり，故障率の最尤推定値 $\hat{\lambda}$ として，次式を得る．

$$\widehat{\lambda} = \frac{n}{\sum_{i=1}^{n} x_i} \tag{5.13}$$

この結果は,たとえば,式 (4.17) と式 (3.16) あるいは式 (3.18) を結びつける関係であり,故障率の最尤推定値と MTTF あるいは MTBF が一致することを表す.

> **例題 5.4** あるシステム 14 台が故障するまでの運用時間(単位:時間)は,以下に示すとおりであった.この分布が指数分布に従うものとして,故障率の最尤推定値 $\widehat{\lambda}$ を求めよ.
> 380, 60, 140, 430, 230, 310, 100, 160, 270, 290, 190, 250, 210, 340
>
> [解] 式 (5.13) において,x_i は故障するまでの運用時間で,その総和は 3360 時間なので,
> $$\widehat{\lambda} = \frac{14}{3360} \fallingdotseq 0.004167 = 0.4167 \text{ \%/時間}$$

■ 5.2.3 ■ 正規分布の母数

正規分布における母数は,平均 μ と標準偏差 σ の 2 個であり,確率密度関数は式 (4.18) より,

$$f(x;\ \mu,\sigma) = \frac{1}{\sqrt{2\pi}\sigma} \exp\left\{-\frac{(x-\mu)^2}{2\sigma^2}\right\}$$

と表すことができる.この式の対数をとると,次式となる.

$$\ln f(x;\ \mu,\sigma) = -\ln\sqrt{2\pi} - \ln\sigma - \frac{(x-\mu)^2}{2\sigma^2}$$

ここで,2 母数の平均と標準偏差の尤度方程式 L_μ と L_σ は,式 (5.12) の定義に従って偏微分すると,それぞれ次のようになる.

$$L_\mu = \sum_{i=1}^{n} \frac{\partial \ln f(x_i;\ \mu,\sigma)}{\partial \mu} = \sum_{i=1}^{n} \frac{x_i - \mu}{\sigma^2} = 0 \tag{5.14}$$

$$L_\sigma = \sum_{i=1}^{n} \frac{\partial \ln f(x_i;\ \mu,\sigma)}{\partial \sigma} = \sum_{i=1}^{n} \left\{-\frac{1}{\sigma} + \frac{(x_i-\mu)^2}{\sigma^3}\right\} = 0 \tag{5.15}$$

したがって,式 (5.14) より,平均の最尤推定値 $\widehat{\mu}$ は,

$$\widehat{\mu} = \frac{1}{n} \sum_{i=1}^{n} x_i \tag{5.16}$$

となる.一方,式 (5.15) より,標準偏差の最尤推定値 $\widehat{\sigma}$ は,

$$\widehat{\sigma} = \sqrt{\frac{1}{n}\sum_{i=1}^{n}(x_i - \widehat{\mu})^2} \tag{5.17}$$

となる．式 (5.16) と式 (5.17) の最尤推定値は，それぞれ式 (2.24) と式 (2.29) の平均と標準偏差に一致している．

例題 5.5 あるシステム 11 台が故障するまでの運用時間（単位：時間）は以下に示すとおりであった．この分布が正規分布に従うものとして，期待値と標準偏差の最尤推定値 $\widehat{\mu}$ と $\widehat{\sigma}$ を求めよ．

380, 60, 140, 430, 230, 310, 100, 160, 270, 290, 190

[解] 期待値と標準偏差の最尤推定値は，それぞれ式 (5.16) と式 (5.17) より，

$$\widehat{\mu} = \frac{1}{11}\sum_{i=1}^{11} x_i = \frac{2560}{11} \fallingdotseq 232.7 \text{ 時間}$$

$$\widehat{\sigma} = \sqrt{\frac{1}{11}\sum_{i=1}^{11}(x_i - 232.7\cdots)^2} \fallingdotseq 110.5 \text{ 時間}$$

5.2.4 対数正規分布の母数

対数正規分布は，4.2.3 項で述べたように，真数 z の対数 $x = \ln z$ の平均 μ_L，標準偏差 σ_L が正規分布 $N(\mu_L, \sigma_L{}^2)$ に従うときの分布である．したがって，観測データ z_i を $x_i (= \ln z_i)$ に変換すれば，上述した式 (5.14)〜(5.17) の関係を，そのまま応用して計算することができる．すなわち，平均の最尤推定値 $\widehat{\mu}_L$ は，

$$\widehat{\mu}_L = \frac{1}{n}\sum_{i=1}^{n} x_i = \frac{1}{n}\sum_{i=1}^{n} \ln z_i \tag{5.18}$$

であり，式 (5.15) より，標準偏差の最尤推定値 $\widehat{\sigma}_L$ は，

$$\widehat{\sigma}_L = \sqrt{\frac{1}{n}\sum_{i=1}^{n}(x_i - \widehat{\mu}_L)^2} = \sqrt{\frac{1}{n}\sum_{i=1}^{n}(\ln z_i - \widehat{\mu}_L)^2} \tag{5.19}$$

となる．さらに，真数 z の平均と標準偏差の最尤推定値 $\widehat{\mu}$ と $\widehat{\sigma}$ は，求めた $\widehat{\mu}_L$ と $\widehat{\sigma}_L$ を用いて，それぞれ式 (4.38) と式 (4.40) の関係より求めることができる．

5.2.5 2 母数ワイブル分布の母数

2 母数ワイブル分布における母数は，形状母数 α と尺度母数 β であり，確率密度関数は式 (4.44) より，次のように表すことができる．

$$f(x;\ \alpha, \beta) = \frac{\alpha}{\beta}\left(\frac{x}{\beta}\right)^{\alpha-1}\exp\left\{-\left(\frac{x}{\beta}\right)^{\alpha}\right\}$$

この式の対数をとると，

$$\ln f(x;\ \alpha, \beta) = \ln \alpha - \ln \beta + (\alpha - 1)\ln x - (\alpha - 1)\ln \beta - \left(\frac{x}{\beta}\right)^{\alpha}$$

$$= (\alpha - 1)\ln x - \left(\frac{x}{\beta}\right)^{\alpha} + \ln \alpha - \alpha \ln \beta$$

となるので，形状母数と尺度母数の尤度方程式 L_α と L_β は，式 (5.12) の定義に従って偏微分すると，

$$L_\alpha = \sum_{i=1}^{n} \frac{\partial \ln f(x_i;\ \alpha, \beta)}{\partial \alpha}$$

$$= \sum_{i=1}^{n} \ln x_i - \frac{1}{\beta^\alpha}\sum_{i=1}^{n} x_i{}^\alpha \ln x_i + \frac{\ln \beta}{\beta^\alpha}\sum_{i=1}^{n} x_i{}^\alpha + \frac{n}{\alpha} - n\ln\beta$$

$$= 0 \tag{5.20}$$

$$L_\beta = \sum_{i=1}^{n} \frac{\partial \ln f(x_i;\ \alpha, \beta)}{\partial \beta} = \frac{\alpha}{\beta^{\alpha+1}}\sum_{i=1}^{n} x_i{}^\alpha - \frac{n\alpha}{\beta} = 0 \tag{5.21}$$

となる．ここで，式 (5.21) より，

$$\beta = \left(\frac{1}{n}\sum_{i=1}^{n} x_i{}^\alpha\right)^{1/\alpha} \tag{5.22}$$

の関係を得るので，これを式 (5.20) に代入して整理すると，

$$\frac{\displaystyle\sum_{i=1}^{n} x_i{}^\alpha \ln x_i}{\displaystyle\sum_{i=1}^{n} x_i{}^\alpha} - \frac{1}{\alpha} - \frac{1}{n}\sum_{i=1}^{n} \ln x_i = 0 \tag{5.23}$$

となり，形状母数 α の関数が得られる．

式 (5.23) は α の関数だが，解析的に解くことはできない．したがって，最尤推定値 $\hat{\alpha}$ は，たとえば，付録 A.2 に示す数値解法で求める．その後，求めた $\hat{\alpha}$ を用いて，式 (5.22) の関係より，尺度母数 β の最尤推定値 $\hat{\beta}$ を求めることになる．

例題 5.6 ある棒材 15 本の疲労寿命 N (単位：kcycle) は，以下に示すとおりであった．この分布が 2 母数ワイブル分布に従うものとして，2 母数の最尤推定値 $\hat{\alpha}$ と $\hat{\beta}$ を求めよ．
3.66, 4.67, 5.43, 5.98, 6.52, 7.08, 7.37, 7.61, 8.22, 8.63, 9.19, 9.48, 10.35, 10.88, 11.21

[解] たとえば，式 (5.23) を式 (A.13) として，付録 A.3(4) に従って数値計算法を用いて最尤推定値 $\widehat{\alpha}$ を求め，式 (5.22) より，最尤推定値 $\widehat{\beta}$ を求めると，

$$\widehat{\alpha} = 4.079\cdots \fallingdotseq 4.079,$$

$$\widehat{\beta} = \left(\frac{1}{15}\sum_{i=1}^{15} x_i^{4.079\cdots}\right)^{1/4.079\cdots} = \left(\frac{95616.6\cdots}{15}\right)^{1/4.079\cdots} \fallingdotseq 8.563 \text{ kcycle}$$

5.3　分布の χ^2 適合度検定

適合度検定は，観測データから推定した理論分布へのあてはめが適切であるか否かを，客観的に判断する方法である．その手順は，

① ある理論分布に従うという仮説を立てる

② その理論分布の下で起こった事象の確率を求める

③ その仮説が妥当であるか否かを「**仮説の検定**」を適用して判断する

である．この検定によく使用されている方法が，χ^2 **適合度検定**である．

■ 5.3.1 ■ 基本的な考え方

いま，確率変数 T の大きさ n のデータ t_1, t_2, $\cdots$, t_n があり，対象としているデータの範囲を k 個（図 5.7 では，$k = 6$ としている）の階級 C_i（ただし，$i = 1$, 2, $\cdots$, k）に分ける．このとき，n 個のデータのうち階級 C_i に入る個数が，図 5.7(a) の破線で表すヒストグラムで示すように，y_i となる分布であったとする．これに対し，図 5.7(b) に示す母集団が従うと仮定する理論分布から計算した階級 C_i の理論確率（$\fallingdotseq$ 階級値での確率）が P_i となり，階級 C_i で観察できると理論的に期待される個数が，

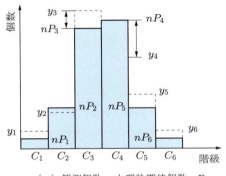

（a）観測個数 y_i と理論期待個数 nP_i

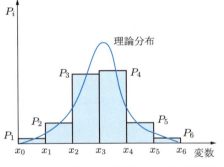

（b）ある理論分布と各階級の確率の平均値

図 5.7　χ^2 適合度検定の概念

図 5.7(a) の青色部分のヒストグラムで示すように，nP_i であるとする．

ここで，階級 C_i を $x_{i-1} \leqq t < x_i$ とするとき，離散型確率分布の場合の理論確率 P_i は，仮説を立てた理論分布の確率関数を $f(t)$ とするなら，次式となる．

$$P_i = \sum_{x_{i-1} \leqq t < x_i} f(t) \tag{5.24}$$

一方，連続型確率分布の場合には，仮説を立てた理論分布の確率密度関数を $f(t)$ とするなら，次式となる．

$$P_i = \int_{x_{i-1}}^{x_i} f(t)\,dt \tag{5.25}$$

この式より，階級 C_i に現れる理論期待個数 nP_i を求めることができる．なお，図 5.7(b) には，式 (5.25) を例とした場合の考え方を示している．

χ^2 適合度検定は，観測個数 y_i と理論期待個数 nP_i が一致しているか否かということを総合的に判断する方法である．そのため，観測個数と求めた理論期待個数とが一致しているか否かの判断を，統計値，

$$\chi^2 = \sum_{i=1}^{k} \frac{(y_i - nP_i)^2}{nP_i} \tag{5.26}$$

が，近似的に自由度 $\nu = k-1$ の χ^2 **分布**に従うという理論を利用する．自由度 ν の χ^2 分布とは，ν 個の独立な確率変数 X が，いずれも標準正規分布 $N(0,1)$ に従い，その変数の 2 乗和 $\chi^2 = x_1{}^2 + x_2{}^2 + \cdots + x_\nu{}^2$ の確率密度関数が，

$$\chi_\alpha^2(\nu) = \frac{1}{2\Gamma(\nu/2)} \left(\frac{\chi^2}{2}\right)^{\nu/2-1} \exp\left(-\frac{\chi^2}{2}\right) \tag{5.27}$$

となるときの分布であり，自由度 ν の χ^2 分布の上側確率 α，すなわち 100α ％点の値を $\chi_\alpha^2(\nu)$ と表している．

ここで，**自由度**とは，対象としている状態を表現するのに必要な変数の数のことであって，理論分布の母数 m 個を k 個の観測データから推定した場合には，χ^2 の自由度 $\nu = k-1-m$ となる．たとえば，正規分布の平均 μ と標準偏差 σ の 2 個の母数を k 個の観測データから推定したとき，その自由度は $\nu = k-1-2 = k-3$ である．

■ 5.3.2 ■ 判定基準と有意水準

仮説の検定では，求めた χ^2 と $\chi_\alpha^2(\nu)$ が図 5.8 に示すように，$\chi^2 > \chi_\alpha^2(\nu)$ を満足すれば有意水準（危険率）α で仮説は正しくないと判断し，$\chi^2 \leqq \chi_\alpha^2(\nu)$ なら仮定した分布を有意水準 α で棄却することはできないと判断する．もちろん，有意水準 α で棄却

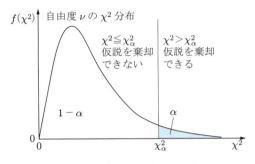

図 5.8 χ^2 適合度検定の判定

したときには，仮説が正しいにもかかわらずこれを棄却するという過ちを犯す危険性が，確率 α 以内であり得る．見方を変えると，有意水準 α とは，確率 $< \alpha$ で起こった仮説を単なる偶然としてではなく，意味あることとして棄却することをいう．検定の有意水準は事象によって変わるが，普通 $\alpha = 0.05 = 5\,\%$，あるいは $\alpha = 0.01 = 1\,\%$ が採用されている．

たとえば，大きさ n のデータに対して，その母集団がある理論分布に従うという仮説の下に式 (5.26) の χ^2 を計算し，

$$\chi^2 > \chi^2_{0.05}(\nu)$$

の結果を得たときには，有意水準 5 %で仮説を棄却することができる．ここで，式 (5.27) の $\chi^2_\alpha(\nu)$ の関係は計算が困難であるので，与えられた有意水準 α と自由度に対する上側確率の値が，巻末の付表 4 に χ^2 分布表として示してある．この χ^2 検定法は，サンプルサイズが大きいときに適用できる方法であって，一般には $nP_i \geqq 5$ を満足することが望ましいとされている．

例題 5.7 あるアイテム 100 台の廃棄までの保全数 x_i を測定した度数（台数）y_i の結果は表 5.5 のとおりであった．この分布がポアソン分布に適合するか否か χ^2 適合度検定をせよ．ただし，有意水準 $\alpha = 0.05$ とする．

表 5.5

保全数	1	2	3	4	5	6	7	8
度 数	8	11	20	17	17	13	8	6

[解] Excel を用いた計算結果を表 5.6 に示す（以下の説明において，たとえば，C3 というのは C の列の 3 行目の欄（セル）を示している）．

いま，総度数 $n = 100$ 件（= B11），保全数の平均は式 (2.24) より，$\mu = 4.25$ 件（= C11）である．ここで，C の列は平均を求めるために使用している．

表5.6 χ^2検定のExcelによる計算結果（ポアソン分布）

	A	B	C	D	E	F
1	保全数 x	度数 y	xy	P_i	nP_i	χ^2
2	1	8	8	0.0606	6.062	0.6193
3	2	11	22	0.1288	12.882	0.2751
4	3	20	60	0.1825	18.250	0.1678
5	4	17	68	0.1939	19.391	0.2947
6	5	17	85	0.1648	16.482	0.0163
7	6	13	78	0.1167	11.675	0.1504
8	7	8	56	0.0709	7.088	0.1173
9	8	6	48	0.0377	8.169	0.5761
10		$n=\Sigma y$	平均 μ			$\Sigma\chi^2$
11		100	4.25			2.2170

ポアソン分布の確率関数は式 (4.5) より $P_i = \mu^i e^{-\mu}/i!$ である．この式より求めた各階級の理論確率 P_i を D の列に示し，この結果から求めた期待度数 nP_i を E の列に示す．なお，$x=8$ での期待値 $(= E9)$ は $\sum nP_i = 100$ となるように補正している．

次に，B と E の列の結果を利用して，式 (5.26) の関係に従って F の列に χ^2 を計算し，その総和を求めると，$\chi^2 = 2.2170 \, (= F11)$ となる．

一方，このときの自由度 $\nu = k-1-m = 8-1-1 = 6$ なので，付表 4 に示してある χ^2 分布表から自由度 6 の χ^2 分布の $\alpha = 5\,\%$ 点は，$\chi^2_{0.05}(6) = 12.5916$ である．

よって，図 5.9 に示すように，$\chi^2 < \chi^2_{0.05}(6)$ となるので，有意水準 5 % で仮説を棄却することはできない．

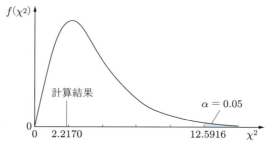

図 5.9 χ^2 検定の計算結果（自由度 $\nu = 6$ の場合）

演習問題 5

5.1 あるアイテムの保全時間の観測値（単位：時間）は，表 5.7 のとおりであった．この分布が正規分布に従うものとして，回帰分析の手法で期待値 μ と標準偏差 σ を求めよ．

表 5.7

保全時間	7	7.5	8	8.5	9	9.5	10	10.5	11	11.5
保全数	4	6	6	15	15	3	14	8	4	5

5.2 あるアイテムの故障発生時間の観測値（単位：分）は，表 5.8 に示すとおりであった．この分布が対数正規分布に従うものとして，回帰分析の手法を用いて期待値 μ と標準偏差 σ を推定せよ．

表 5.8

故障発生時間	10	30	50	70	90	110	130	150	170	190
故障数	4	21	17	11	8	4	4	2	3	6

5.3 疲労試験で測定したあるアイテム 15 個の疲労寿命（単位：kcycle）は，以下に示すとおりであった．この分布がワイブル分布に従うものとして，(1) 回帰分析の手法を用いてその母数，(2) 疲労寿命の期待値 θ と標準偏差 σ，を求めよ．
 10.35, 10.88, 11.21, 12.66, 12.67, 13.43, 13.98, 14.52, 15.08, 16.37, 17.61, 18.22, 18.63, 19.19, 19.48

5.4 あるアイテム 14 個の故障時間の観測値（単位：時間）は，以下に示すとおりであった．この分布が正規分布に従うものとして，最尤推定値の期待値 $\hat{\mu}$ と標準偏差 $\hat{\sigma}$ を求めよ．
 33.5, 21.5, 19, 24, 35, 27, 23, 29.5, 31, 26, 28.5, 25, 27.5, 32

5.5 ある部品 50 個の故障データ（単位：時間）として，表 5.9 に示す結果を得た．この分布が対数正規分布に従うものとして，(1) 最尤推定値の期待値 $\hat{\mu}_L$ と標準偏差 $\hat{\sigma}_L$，(2) 真数の期待値 μ と標準偏差 σ，を求めよ．

表 5.9

経過時間	16	18	22	26	29	32	34	37
累積故障数	1	2	7	18	30	42	48	50

5.6 あるアイテム 10 個の故障時間の観測値（単位：時間）として，次の結果を得た．この分布が 2 母数ワイブル分布に従うものとして，(1) 母数の最尤推定値 $\hat{\alpha}$ と $\hat{\beta}$，(2) 期待値 μ と標準偏差 σ，を求めよ．
 27, 24.5, 29, 31.5, 20, 25.5, 30, 28, 33, 23

5.7 あるアイテムの保全時間分布を階級 30 分で調べた結果（単位：時間）は表 5.10 のとおりであった．この分布が正規分布に適合するか否かを χ^2 適合度検定せよ．ただし，有意水準 $\alpha = 0.05$ とする．

表 5.10

保全時間	10〜10.5	10.5〜11	11〜11.5	11.5〜12	12〜12.5	12.5〜13	13〜13.5	13.5〜14	14〜14.5	14.5〜
保全数	3	6	7	12	15	5	13	8	6	5

第6章 アイテムの信頼性

　上位アイテムの信頼性は，組み合わせる下位アイテムの信頼性を把握することによって評価できる．そこで，6.1 節で設計において信頼性を確保するために必要な概念を紹介し，6.2 節で信頼性の予測方法の概略について記述し，6.3 節で信頼性向上方法としての冗長系の基本的な解析方法について示し，最後に，6.4 節では，複雑・大規模なアイテムの信頼性を総合的に予測・評価する方法である FMEA と FTA について述べる．

6.1　信頼性設計の手順

　アイテムが故障しないようにする信頼性を定量的に評価する信頼度と，故障したアイテムを所定の機能に回復させるという保全性を定量的に評価する保全度との兼ね合いは，アイテムの種類，性格，用途，あるいは企業の方針などによって，当然大きく異なる．もともと，千差万別のアイテムに対する信頼度と保全度との兼ね合いについての画一的な基準はなく，ケースバイケースの対応が当然である．しかし，どのようなアイテムでも，信頼性だけでなく安全を確保するための方策は，設計のコンセプトを創生する**概念設計**，メカニズム，構造，形態や基本レイアウトを決定する**基本設計**，それを実現させる**詳細設計**などの設計プロセスの中で検討され，総合的に形づくられる．それゆえ，設計技術が信頼性を確保するために果たす役割は非常に大きい．

　信頼性設計がめざすのは，可能な限り故障を予防し，故障が発生してもシステム全体としての信頼性を保つことである．そのための標準的な設計プロセスを図 6.1 に示す．しかし，この手法は，たとえば，図 1.9 に示した最適なライフサイクルコストの概念を念頭において，アイテムの信頼度，あるいは保全度のどちらを相対的に重視するかによっても変わる．なお，アイテム自体の狭い意味での信頼度は，それを構成している下位アイテムの信頼度を合成して求めることができるので，所要の信頼度に達していない場合には，主として概念設計の段階で，さまざまな手段が，信頼度を向上させるために採用される．

■ 6.1.1 ■ 設計の基本事項

　アイテムには，所定の使命を達成するために選定され，配列され，相互に関連をもって動作することが期待されている．そのようなアイテムの広義の信頼性を確保するた

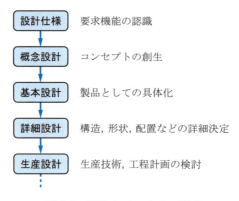

図 6.1　設計プロセスとその概要

め，以下に述べることがらを考慮して，信頼性設計が行われる．

① **設計仕様の決定**：アイテムの機能，使用条件，環境条件を特定して，「壊れにくさ」と「なおしやすさ」の協調点をはっきりさせる．
② **エラーリカバリの設定**：次項で述べる**フールプルーフ**，**フェールソフト**，**フェールセーフ**などの概念にもとづいて，適切な安全を確保しておく．
③ **安全の確保**：使用者の視点から，使用環境，使用目的を考慮して，欠陥・不具合の発生を防ぐ．
④ **部品の選定**：部品の使い方と，その部品の他へのストレスを吟味し，ストレス対策としての内部的な冗長性の付加を検討する．
⑤ **基本機能集約化の設定**：基本機能単位としてのモジュールを設定し，単純化および標準化をはかる．
⑥ **互換性の確保**：保全性に関連する諸問題を検討し，保全時の取替え単位の適切な設定，的確な互換性を設定する．
⑦ **生産設計の決定**：設計仕様または性能基準に合わないアイテムを製造するというミスが発生しない生産方法および工程を検討する．
⑧ **評価基準の設定**：故障の定義を明らかにするとともに，故障の機能に対する影響度を考慮し，目標値を明確にする．
⑨ **信頼性の予測**：対象モデルの**フィールド試験**データ，部品故障率データおよび各種の試験結果をもとに，設計対象品の信頼性を予測し，目標信頼度の達成に努める．

■ 6.1.2 ■ **安全の考慮**

何らの前兆現象もないので，事前の検査または監視によっても予知できず，突然生

じる故障が，3.1.3 項で述べた**突発性故障**である．その中でも，アイテムの機能が完全に失われる**突発性全機能喪失故障**の発生を防ぐため，信頼性設計にもとづく工夫をすることが重要になるアイテムは多い．

一方で，放置しておけば故障に至るような部分的な欠陥や故障が存在しても，すぐにはアイテムの**全機能喪失故障**につながらず，アイテム全体としては正当に要求機能の遂行を可能にするフォールトトレランスなアイテムをめざすこともできる．そのように設計しようとする概念を**フォールトトレラント**といい，その考え方を図 6.2 に示す．安全を第一に設定して，エラーリカバリの思想や冗長性を積極的に取り入れることによって，故障に対して強いシステムを実現するための信頼性設計の考え方である．

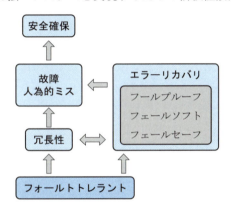

図 6.2　信頼性設計におけるフォールトトレラントの考え方

安全は，1.1 節で述べたように，信頼性と深い結びつきがあり，人間の負傷や死亡，あるいはアイテムの損失または損傷を与える危険な状態に対する対応を対象としている．この安全に関する視点から信頼性を確保するための技術として生まれたのが，フールプルーフ，フェールソフト，フェールセーフなどのエラーリカバリに関連する設計上の概念であり，取り組みである．

① **フールプルーフ**：『人為的に不適切な行為又は過失などが起こっても，アイテムの信頼性及び安全性を保持する性質』（JIS Z 8115 より）のことであり，物理的に人間の誤使用，誤操作や誤判断などの人為的なミスが生じないようにする設計概念である．たとえば，特定の方向にしか動作しないレバー，特定の方向でのみ接続可能なコネクタ，色彩で区別した配線・配管などである．

② **フェールソフト**：『フォールトが存在しても，機能又は性能を縮退しながらアイテムが要求機能を遂行し続ける，設計上の性質』（JIS Z 8115 より）のことであり，アイテムの一部が故障しても機能低下のみで全体としてはダウンしないよう

な設計概念である．たとえば，航空機における複数のエンジン，あるいは操舵系の2系統の油圧回路などである．

③ **フェールセーフ**：『アイテムが故障したとき，あらかじめ定められた一つの安全な状態をとるような設計上の性質』（JIS Z 8115 より）のことであり，アイテムの一部が故障しても，ある一定期間はその機能を確保する設計概念である．たとえば，加熱系が暴走してボイラに高圧を生じても安全弁から圧力を逃す工夫や，踏切遮断機が故障しても，遮断棒が重力の作用により自動降下する機構などである．

■ 6.1.3 ■ デザインレビュー

JIS Z 8115 において，**デザインレビュー（設計審査）**は，『信頼性性能，保全性性能，保全支援能力要求，合目的性，可能な改良点の識別などの諸事情に影響する可能性がある要求事項及び設計中の不具合を検出・修正する目的で行われる，現存又は提案された設計に対する公式，かつ，独立の審査』と定義されている．

すなわち，信頼性，安全，機能，性能，価格や納期などの観点から，設計不良の防止を主目的として，図 6.3 に示す流れに沿って行う審査であって，設計段階で問題点を発見し，アイテムの改善をはかるための取り組みである．このような審査を通して，新規アイテムの信頼性，保全性，性能，機能などについて，当事者の気づかない設計上の問題点およびその解決の方策を示唆・支援することにより，問題点を着実に克服していくことをめざしている．

デザインレビューで前提としていることは，時間的にも経済的にも変更が可能な設計段階で，すべての品質要因の不具合を見いだし，解決することである．そのため，当

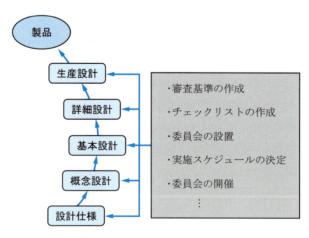

図 6.3 デザインレビューの流れ

該企業の関連する各部門の代表，たとえば，設計，製造，購買，サービス・メンテナンスなどの担当者と顧客ないしはユーザーからなる委員会が作られ，価格，納期などを考慮しながら，審査が進められる．委員会では，そのアイテムの開発に直接関与していない関係者が，第三者の客観的な立場から，当該企業が蓄積しているノウハウを有効に活用して，対象としている新規アイテムの，設計，評価などの担当者が見落としている問題点の洗い出しおよびその改善と解決方法を協議する．これにより，デザインレビューは，アイテムが内包する欠陥を克服し，早期に不具合を解決しようとする，設計に対する公式かつ組織的な検討活動となる．

このようなデザインレビューにおいては，信頼性，保全性，性能，機能だけでなく，コスト，生産性，安全性，使いやすさ，デザイン，サービスなど，設計に関連する見過ごされていた点や不備をも組織的，客観的に評価している．図 6.3 に示すように，製品企画，設計段階，生産設計などの各段階で，繰り返し行われている審査は，さまざまな視点に立脚することで，信頼性のトレードオフの検討に役立つ支援活動となる．使用・供用に至るまでの間に，新規アイテムの改善をはかるデザインレビューの成果として，アイテムの質，信頼性および安全の向上が，確実に得られている．

6.2 信頼性予測

アイテムの信頼性特性値を設計時に定量的に見積もる行為が**信頼性予測**であり，アイテムの種類に関連して，信頼度そのものの予測だけでなく，故障率の予測，故障発生までの寿命の予測，保全度の予測などさまざまな予測がなされる．さらに，信頼性予測は，信頼性設計そのものと考えることができ，図 6.4 に示すように，企画から廃棄に至るライフサイクル中の設計，試作，製造，試験，使用，保全の各段階で繰り返し行われる．このように，系統的な信頼性予測が，信頼性向上に関連する活動全体の評価と改善に役立つ．

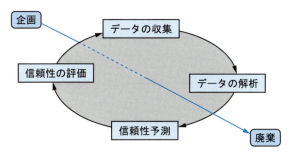

図 6.4　ライフサイクル中の信頼性予測の実施

■ 6.2.1 ■ 予測方法

信頼性予測において最も大事なことは，設計時に付与される信頼度の目標値を達成しているか否かの判断である．したがって，組織的な信頼性データの収集と，集めたデータを用いて評価する方法の妥当性を絶えず確認することが，重要となる．信頼性予測の手段には，次のようなものがある．

① **信頼度水準**：類似アイテムの信頼性データ，あるいは構成部品の種類や数量から大まかな信頼性を推定する方法
② **冗長性**：構成要素間相互の機能関係を整理し，その各構成要素の故障率からシステムとしての信頼度を求める方法
③ **故障解析**：理論的，実験的に得られたストレスと寿命の関係や特性の劣化パターンから導いた故障モデルを利用する方法

いずれの方法を採用して信頼性予測を行うかは，予測の目的，アイテムの種類と規模，設計の段階，利用し得るデータの量と質，故障の型（たとえば，初期故障，偶発故障，摩耗故障など），要求精度などに関連して変化するものであり，画一的な方法はあり得ない．

■ 6.2.2 ■ 信頼度水準

一般に，複雑なアイテムほど部品数は多くなり，部品数が増えると，図1.4に例示したように，アイテムの信頼性は急激に低下してしまう．しかも，大規模で複雑な上位アイテムの信頼度を予測するとき，使用環境などの要因すべてを考慮して下位アイテムの故障率を求め，信頼度を計算することは，困難である．これを回避するために，類似条件で作られ，類似の環境で使用されている類似アイテムで得られた信頼度にもとづき，当該アイテムの信頼度を予測しても，実用上の支障はないという経験則が利用される．

アイテムの複雑さ（たとえば，機器の主要部品数）や環境の厳しさを基準として，類似アイテム間の信頼度を相互に比較するためのパラメータである信頼度水準は，設計，技術水準，使用環境，保全条件が類似しているアイテムのデータから得た故障率と部品数の関係を利用して，当該アイテムの信頼度を予測する方法といえる．たとえば，ある所定の環境条件の下で使用している機器の部品の平均故障率（機器全体の故障率÷主要部品数）$\bar{\lambda}$ を算出し，これにもとづき当該アイテムの信頼性の概略を評価し，把握する方法である．

(1) 平均故障間隔

信頼性予測の一例として，故障率 λ_i（ただし，$i = 1, 2, \cdots, n$）の指数分布に従う部品が，それぞれ k_i 個あり，部品（下位アイテム）の総数が N 個であるアイテム

の信頼度を検討する．このとき，部品 1 個当たりの平均故障率 $\overline{\lambda}$ は，式 (2.24) の関係より，

$$\overline{\lambda} = \sum_{i=1}^{n} \frac{k_i \lambda_i}{N} \quad \left(N = \sum_{i=1}^{n} k_i \right) \tag{6.1}$$

である．このアイテムは次節で述べる下位アイテムが直列系をなす場合に該当するので，その故障率は $\lambda = \sum_{i=1}^{n} k_i \lambda_i$ となる．一方，平均故障間動作時間あるいは平均故障寿命 $\overline{\theta}$ と故障率 λ の間には式 (4.17) の関係 $\overline{\theta} = 1/\lambda$ がある．したがって，このアイテムの平均故障間動作時間 $\overline{\theta}$ は，

$$\overline{\theta} = \frac{1}{\sum_{i=1}^{n} k_i \lambda_i} = \frac{1}{N\overline{\lambda}} \tag{6.2}$$

と表され，平均故障率 $\overline{\lambda}$ は次のようになる．

$$\overline{\lambda} = \frac{1}{N\overline{\theta}} \tag{6.3}$$

なお，$N\overline{\theta}$ は，当該アイテムについて測定した個々の動作時間の総計値を表す**コンポーネント時間**である．もし，総動作時間が一定であれば，コンポーネント時間の信頼度に対する寄与は同等とみなせる．よって，平均故障率 $\overline{\lambda}$ あるいはコンポーネント時間 $N\overline{\theta}$ がアイテムの信頼度を示す目安となり，そのまま信頼度水準を表すパラメータになる．

(2) 信頼度水準線

いま，式 (6.3) の対数をとると，次の関係を得る．

$$\ln \overline{\theta} = -\ln N - \ln \overline{\lambda} \tag{6.4}$$

それゆえ，N と $\overline{\theta}$ の関係は，図 6.5 に示すように，両対数グラフ上で傾き -1 の直線となる．この直線を信頼度水準線といい，コンポーネント時間が一定であれば信頼度水準が同等のアイテムであることを示す．ここで，類似条件で使用する類似アイテムの信頼度水準は，ほぼ同等であるという経験則が認められているので，逆に，類似アイテムの信頼度水準線を求めれば，対象アイテムの部品数からその信頼度を予測することができるという結論に至る．

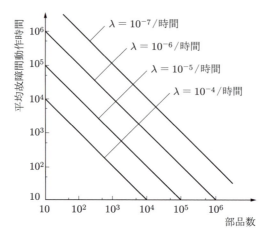

図 6.5　信頼度水準線

6.3　冗長系と信頼性

単独では，要求されている信頼性を得ることが困難であるとき，要求を達成するために，**冗長設計**を行うことが多々ある．冗長設計とは，アイテムの構成部分に規定の機能を遂行するための構成要素あるいは手段を 2 個以上並列に使用して，その一部に発生した故障がそのまま上位アイテムの故障を引き起こすわけではないという冗長性をもたせて，信頼性を確保する方法である．

下位アイテムに冗長性をもたせる設計は，所要の信頼度を得るために設計の段階でしばしば用いられる．このとき，上位アイテムの信頼度は，それを構成する下位アイテムの信頼度を合成して求めることができる．

■ 6.3.1 ■ 冗長性

一般に，ある下位アイテムの故障がアイテム全体の機能停止の原因となるとき，その信頼性は，下位アイテムを一直線に並べた，冗長性のない**直列系**として評価している．直列系とは，アイテムを構成する要素のうち，1 つでも故障を生じるとアイテムとしての機能が失われてしまう，冗長性がない複数個の要素からなるアイテムのことである．これに対し，同じ機能をもつ下位アイテムがいくつかあり，そのすべてが故障したときにはじめてアイテム全体がダウンする場合の信頼性は，**並列系**として評価することになる．

1 つ以上の機能モードをもつ複雑なアイテムの信頼性を考えるときには，一般に**信頼性ブロック図**を用いて検討する．信頼性ブロック図とは，複数のブロックで表される下位アイテムまたはその組合せのフォールト（要求機能遂行能力喪失）が，アイテ

ムのフォールトを発生する仕組みを示したものである．これを用いて，複数のブロックで表される下位アイテムまたはその組合せが，上位アイテムの故障やフォールトを発生させる確率を評価する．それらは，以下で説明するような，直列系および種々の並列系で構成されている．

■ 6.3.2 ■ 直列系

機能上の冗長性をもたない直列系は，上位アイテムの基本的な構成である．図 6.6 は，最も単純な信頼度 R_1 と R_2 の 2 要素直列系の信頼性ブロック図を示す．ここで，n 要素直列系の信頼度 $R(t)$ は，i 番目 ($1 \leq i \leq n$) の要素の信頼度を $R_i(t)$ とし，すべての故障がたがいに独立であるなら，式 (2.18) に従う同時生起事象であるから，各要素の信頼度の積となり，次の式で表される．

$$R(t) = R_1(t) R_2(t) \cdots R_n(t) = \prod_{i=1}^{n} R_i(t) \tag{6.5}$$

図 6.6　2 要素直列系

いま，n 要素直列系をなす各要素の信頼度 $R_i(t)$ がすべて指数分布に従い，その故障率が λ_i なら，その信頼度は，式 (4.12) より，

$$R_i(t) = \exp(-\lambda_i t) \quad (i = 1, 2, \cdots, n)$$

であるので，系としての信頼度は，次式で与えられる．

$$R(t) = \prod_{i=1}^{n} \exp(-\lambda_i t) = \exp\left\{-\left(\sum_{i=1}^{n} \lambda_i\right) t\right\} \tag{6.6}$$

すなわち，直列系の故障率は，系を構成している各要素の故障率の和である．さらに，各要素の故障率がすべて一定値 λ である場合には，直列系をなすアイテムの信頼度は，次の式となる．

$$R(t) = \exp(-n\lambda t) \tag{6.7}$$

> **例題 6.1**　寿命（単位：時間）が正規分布 $N(100, 64)$ および $N(90, 49)$ に従う 2 要素からなる直列系がある．この系の運用 80 時間における信頼度 $R(80)$ を求めよ．

[解] 2要素の信頼度を R_1 と R_2 として求めるとき，平均と標準偏差は，それぞれ $\mu = 100$, $\sigma = 8$ および $\mu = 90$, $\sigma = 7$ なので，式 (4.30) より，$R_1 = \Phi(2.5) \fallingdotseq 0.9938$, $R_2 = \Phi(1.4286) \fallingdotseq 0.9234$ となる．ゆえに，系の信頼度は，式 (6.5) より，

$$R(80) = 0.9938 \times 0.9234 \fallingdotseq 0.9177 = 91.77\ \%$$

■ 6.3.3 ■ 並列冗長系（並列系）

直列系に対し，構成要素に冗長性をもたせて，アイテムが規定の機能を常時果たすようにするシステムが**並列冗長系**であり，その最も基本的な構成を，図 6.7 に示す．単に並列系ともよぶ並列冗長系は，列車の自動停止装置や航空機の油圧系統など，種々の装置やシステムに採用されている冗長系の基本形である．

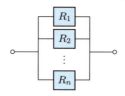

図 6.7 並列冗長系

同じ機能をもつ n 個の要素で，冗長性を確保するため構成されている並列系では，各要素のすべての故障がたがいに独立であるとき，少なくとも 1 個の要素が動作していれば，系全体の機能は維持される．したがって，n 要素並列系の信頼度 $R(t)$ は，i 番目 $(1 \leqq i \leqq n)$ の要素の不信頼度を $F_i(t)$ とするとき，不信頼度について積の関係が成立し，次式となる．

$$R(t) = 1 - \prod_{i=1}^{n} F_i(t) = 1 - \prod_{i=1}^{n} \{1 - R_i(t)\} \tag{6.8}$$

並列系で最も単純な $n = 2$ のときが 2 要素並列系であり，この場合の信頼度は，次のように与えられる．

$$\begin{aligned} R(t) &= 1 - \{1 - R_1(t)\}\{1 - R_2(t)\} \\ &= R_1(t) + R_2(t) - R_1(t)R_2(t) \end{aligned} \tag{6.9}$$

2 つの要素の信頼度が故障率 λ の指数分布に従う場合には，

$$R_1(t) = R_2(t) = \exp(-\lambda t)$$

なので，2 要素並列系の信頼度は，次式となる．

$$R(t) = 2\exp(-\lambda t) - \exp(-2\lambda t) \tag{6.10}$$

この並列系での結果が示すことは，式 (6.6) の直列系の場合と異なり，個々の下位アイテムが指数分布に従っても，上位アイテムの信頼度は指数分布に従わないことである．

> **例題 6.2** 試験時間 1500 時間で故障数 3 である指数分布に従う要素からなる 4 要素並列系がある．この系の運用 80 時間における信頼度 $R(80)$ を求めよ．
>
> [解] 要素の故障率は $\lambda = 3/1500 = 2 \times 10^{-3}$ /時間なので，式 (6.8) より，
>
> $$R(80) = 1 - \{1 - \exp(-2 \times 10^{-3} \times 80)\}^4 \fallingdotseq 0.9995 = 99.95\,\%$$

■ 6.3.4 ■ 系並列冗長系と要素並列冗長系

2 要素並列系は最も標準的な冗長系であるが，これを展開していくと，信頼度 R_1 と R_2 の 2 要素を組み合わせた冗長系として，図 6.8 の系並列冗長系と図 6.9 の要素並列冗長系の 2 方式の信頼性ブロック図が得られる．

図 6.8　系並列冗長系　　図 6.9　要素並列冗長系

図 6.8 の系並列冗長系は，直列系が並列をなす方式で，その信頼度 R_s は，式 (6.5) を式 (6.8) に適用して求めると，次の結果を得る．

$$R_s = 1 - (1 - R_1 R_2)^2 \tag{6.11}$$

一方，図 6.9 に示す要素並列冗長系は，並列系が直列をなす方式で，その信頼度 R_e は，式 (6.8) を式 (6.5) に適用して求めると，次のようになる．

$$R_e = \{1 - (1 - R_1)^2\}\{1 - (1 - R_2)^2\} \tag{6.12}$$

系並列冗長系と要素並列冗長系の信頼度を比較するため，$R_e - R_s$ を求めると，

$$R_e - R_s = 2R_1 R_2 (1 - R_1)(1 - R_2) > 0$$

となり，要素並列冗長系のほうが系並列冗長系より高い信頼度を示す．

この結果は，ある要素が故障したとき，系並列冗長系では，その要素を含む直列系を構成する部分の他の要素が無駄になるが，要素並列冗長系では，無駄とならないことに起因する．しかし，要素並列冗長系をとると，構造や組立が複雑となり，かえっ

て信頼度の低下，コストの上昇をもたらす場合もあるので，設計に際して全体のコストと冗長方式のトレードオフの関係を吟味することが大切である．

例題 6.3 寿命（単位：時間）が正規分布 $N(100, 64)$ および $N(90, 49)$ に従う2要素からなる系並列冗長系と要素並列冗長系がある．この2つの系の運用 80 時間における信頼度 $R_s(80)$ と $R_e(80)$ を求めよ．

[解] 運用 80 時間における2要素の信頼度は例題 6.1 で求めたように，$R_1 = 0.9938$, $R_2 = 0.9234$ なので，系並列冗長系の信頼度 $R_s(80)$ と要素並列冗長系の信頼度 $R_e(80)$ は，それぞれ，式 (6.11) と式 (6.12) より，

$$R_s(80) = 1 - (1 - 0.9938 \times 0.9234)^2 \fallingdotseq 0.9932 = 99.32\ \%$$
$$R_e(80) = \{1 - (1 - 0.9938)^2\}\{1 - (1 - 0.9234)^2\} \fallingdotseq 0.9941 = 99.41\ \%$$

■ 6.3.5 ■ 待機冗長系

主動作を行う要素が故障したときのみ，切り替ってかわりの動作を行う機能をもつ要素を付加した冗長方式が，**待機冗長系**である．この待機冗長系は，不測の停電に対応する非常電源や，原子炉の緊急炉心冷却装置などに用いられる．並列冗長系では，つねに動作している冗長部分で経時変化を生じ劣化するが，待機中の要素が動作していない待機冗長系では，ほとんど劣化しないという利点がある．

図 6.10 に信頼性ブロック図で示す最も単純な2重待機冗長系の信頼度 $R(t)$ は，
① 要素 A が時刻 t まで故障しない確率
② 要素 A が故障時に要素 B に切り替り，要素 B が時刻 t まで故障しない確率
の和となる．

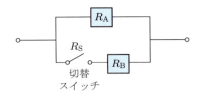

図 6.10　2 重待機冗長系

たとえば，各要素の信頼度 R_A, R_B が指数分布に従い，その故障率が λ_A, λ_B のとき，①の確率 R_1 は，

$$R_1 = \exp(-\lambda_A t)$$

である．一方，②の確率 R_2 は，切替スイッチの信頼度 R_S を一定とするとき，

i) 切替スイッチが時刻 t まで故障しない確率：R_S
ii) 要素 A が時刻 x と $x+dx$ の間で故障する確率：$\lambda_A \exp(-\lambda_A x)\,dx$
iii) 要素 B が時刻 x と t の間で故障しない確率：$\exp\{-\lambda_B(t-x)\}$

の積であるから，$\lambda_A \neq \lambda_B$ のときには，次式で与えられる．

$$R_2 = R_S \int_0^t \exp\{-\lambda_B(t-x)\}\lambda_A \exp(-\lambda_A x)\,dx$$
$$= \frac{\lambda_A R_S}{\lambda_A - \lambda_B}\{\exp(-\lambda_B t) - \exp(-\lambda_A t)\}$$

したがって，求める信頼度 $R(t) = R_1 + R_2$ は，次式となる．

$$R(t) = \exp(-\lambda_A t) + \frac{\lambda_A R_S}{\lambda_A - \lambda_B}\{\exp(-\lambda_B t) - \exp(-\lambda_A t)\} \tag{6.13}$$

ただし，故障率が $\lambda_A = \lambda_B = \lambda$ のときには，次のようになる．

$$R(t) = (1 + R_S \lambda)\exp(-\lambda t) \tag{6.14}$$

■ 6.3.6 ■ m/n 冗長系

並列冗長系では，n 個の同じ機能の構成要素のうちどれか 1 個が動作していれば，系の機能は保たれる．これに対し，n 個の要素中，少なくとも m 個が正常に動作していれば，アイテムが正常に動作するように構成してある冗長系を，**m-out-of-n redundancy** (**m/n 冗長系**) という．とくに，$m > n/2$ となるように構成した場合を**多数決冗長系**という．

たとえば，あるアイテムに 4 本の油圧系統があり，そのうちの 1 本が破断しても必要な機能が確保できるものであれば，この系は 3/4 系である．もちろん，m/n 系において，$m = n$ のときは直列系に相当し，$m = 1$ のときは並列冗長系となる．したがって，m/n 系は同数の要素からなる直列系と並列冗長系の中間の系とみなせる．図 6.11 に，最も単純な 2/3 多数決冗長系 ($n=3, m=2$) の信頼性ブロック図を示す．

いま，信頼度 R_0 の n 個の要素からなる多数決冗長系において，各要素の故障がた

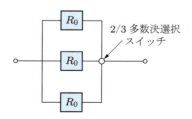

図 6.11 2/3 多数決冗長系

がいに独立であるとするとき，n 個の要素のうち r 個は故障せず，$(n-r)$ 個が故障する確率を P とすると，式 (2.19) より，

$$P = \binom{n}{r} R_0{}^r (1-R_0)^{n-r} \tag{6.15}$$

である．ところで，m/n 系システムが機能するのは，n 個の要素のうち m 個以上の要素が機能しているとき，すなわち $r \geqq m$ のときだから，m/n 系の信頼度 $R_{m/n}$ は，式 (2.20) より，次式で与えられる．

$$R_{m/n} = \sum_{r=m}^{n} \binom{n}{r} R_0{}^r (1-R_0)^{n-r} \tag{6.16}$$

この式 (6.16) は，m が同じなら n が大きいほど，n が同じなら m が小さいほど，信頼度は高くなる傾向があることを表している．なお，図 6.11 の信頼性ブロック図に示す 2/3 多数決冗長系 ($n=3, m=2$) の信頼度 $R_{2/3}$ は，式 (6.16) より，

$$R_{2/3} = {}_3\mathrm{C}_3 R_0{}^3 + {}_3\mathrm{C}_2 R_0{}^2 (1-R_0) = 3R_0{}^2 - 2R_0{}^3 \tag{6.17}$$

となる．もし，要素の信頼度が指数分布に従い $R_0 = \exp(-\lambda t)$ と表されるなら，その信頼度は，次のようになる．

$$R_{2/3} = \{3 - 2\exp(-\lambda t)\} \exp(-2\lambda t) \tag{6.18}$$

■ 6.3.7 ■ 各種冗長系の信頼度比較

上述した各種冗長系の信頼度の大きさを比較するため，すべての構成要素の信頼度 R が一定であるとして求めた各信頼度の結果を図 6.12 に示す．それらは単一要素の信頼度 R，式 (6.9) の 2 要素並列系の信頼度 $2R - R^2$，式 (6.11) の系並列冗長系の信頼度 $1 - (1-R^2)^2$，式 (6.12) の要素並列冗長系の信頼度 $\{1 - (1-R)^2\}^2$ および式 (6.17) の 2/3 多数決冗長系の信頼度 $3R^2 - 2R^3$ の比較である．

この図 6.12 は，どの冗長方式を採用しても，系の信頼度は単一要素の信頼度より低くなる場合があり，必ずしも信頼度が改善されるとはいえないことを示している．しかし，それは $R < 0.6$ の領域であり，昨今のアイテムの信頼度は一般に限りなく 1 に近いので，何らかの冗長系を採用することにより，信頼度は必ず向上する．そのとき，2 要素並列系の信頼度が最も高く，次に要素並列冗長系，2/3 多数決冗長系，系並列冗長系の順に，信頼度が低下する傾向がある．なお，いかに複雑な構成であっても，直列系と並列系の組合せで構成されているアイテム自体の信頼度は，式 (6.5) と式 (6.8) の関係を応用して計算できる．

6.3 冗長系と信頼性

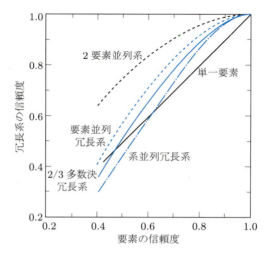

図 6.12　各種冗長系の信頼度比較

例題 6.4　図 6.13 の信頼性ブロック図で示す，それぞれの信頼度が R_A, R_B, R_C, R_D である指数分布に従う 4 要素 A，B，C，D からなるアイテムがある．(1) このアイテムの信頼度 $R(t)$, (2) 故障率が 4 要素 A，B，C，D で，それぞれ 2 %/10^3 時間，1 %/10^3 時間，5 %/10^3 時間，3 %/10^3 時間 であるとき，10000 時間における信頼度 $R(10000)$，を求めよ．

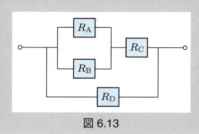

図 6.13

［解］(1) 図 6.14 に示す基準となる要素 A と B からなる並列部分の信頼度 R_{AB} は式 (6.8)，続いて，要素 A，B，C からなる直列部分の信頼度 R_{ABC} は式 (6.5) より，

$$R_{AB} = 1 - (1-R_A)(1-R_B), \quad R_{ABC} = R_{AB}R_C$$

となるので，この関係を適宜応用して順次信頼度を計算すると，次のようになる．

$$R(t) = 1 - (1-R_{ABC})(1-R_D) = 1 - [1 - \{1-(1-R_A)(1-R_B)\}R_C](1-R_D)$$

(2) $t = 10000$ 時間における要素 A の信頼度 R_A は，

$$R_A = \exp(-0.02 \times 10^{-3} \times 10^4) = \exp(-0.2)$$

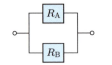   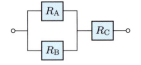

(a) $R_{AB} = 1 - (1-R_A)(1-R_B)$ (b) $R_{ABC} = \{1 - (1-R_A)(1-R_B)\}R_C$

図 6.14　計算の手順例

同様にして，$R_B = \exp(-0.1)$，$R_C = \exp(-0.5)$，$R_D = \exp(-0.3)$ となるので，

$$R(10000) = 1 - [1 - \{1 - (1-e^{-0.2})(1-e^{-0.1})\}e^{-0.5}](1-e^{-0.3})$$
$$\fallingdotseq 0.8953 = 89.53\ \%$$

6.4　FMEA と FTA

■ 6.4.1 ■ 故障解析とフォールト解析

　故障解析は，『故障メカニズム，故障原因及び故障が引き起こす結果を識別し，解析するために行う，故障したアイテムの論理的，かつ，体系的な調査検討』であり，**フォールト解析**は，『起こり得るフォールトの確率，原因及び引き起こす結果を識別し，解析するために行う，アイテムの論理的，かつ，体系的な調査検討』（JIS Z 8115 より）である．それらの目的は，解析そのものではなく，アイテムの要求機能達成のための方策を提示することにある．さらには，原因の除去，予防策の考案を通して，故障やフォールトによる被害を最小にすることである．その取り組みには，故障やフォールトを直接調べる方法と，故障やフォールトを引き起こした原因や環境を調べる方法とがある．なお，以下では，イベントである故障と状態であるフォールトの厳密な区別をせず，単に故障として取り扱う．

(1)　考え方

　このような故障解析やフォールト解析を実行するためには，対象アイテムの機能遂行不可能な状態の定義と，その判定基準を明らかにする必要がある．これは 1.2.2 項で述べたとおり，所定の機能，所定の期間，所定の条件などの評価基準を明確にすることである．定めた一定の基準にもとづいて判定することにより，アイテムに生じた現象と故障やフォールトとの関連およびその発生メカニズムとの因果関係を把握し，欠点を改善することができる．

　一般に，上位アイテムの故障やフォールトには下位アイテムの突発的に生じるもののほか，部品特性値の経時劣化によって装置の機能が低下し，ついには規定の機能が失われるものとがある．アイテムの経時劣化は不可避であり，それを予測するために

は，下位アイテムの特性値と上位アイテムの特性値との相互関係および下位アイテムの特性値の経時劣化パターンの情報などを把握することが必要である．

ここで，下位アイテムの特性値は，材料製造工程の変動，温度などの使用環境の変化，使用中の経時劣化などによって変動する．もし，これらすべての変動量を把握できれば，上位アイテムの特性値の変動を予測することが可能となる．さらに，把握した変動量にもとづき予測した上位アイテム特性値の変動が，規定の許容範囲外の値となる確率から不信頼度を評価することができる．しかし，アイテムが複雑かつ大規模になるにつれて，その故障解析はきわめて困難になる．

(2) 代表的な方法

故障解析に用いる代表的な手法は，
① **FMEA**（故障モード・影響解析：failure mode and effect analysis / **フォールトモード・影響解析**：fault mode and effect analysis）
② **FMECA**（故障モード・影響・致命度解析：failure mode, effect and criticality analysis / **フォールトモード・影響及び致命度解析**：fault mode, effect and criticality analysis）
③ **FTA**（フォールトの木解析：fault tree analysis）

である．それらの定性的な特徴の違いは，図 6.15 のように表すことができる．実問題の故障やフォールトの解析では，アイテムごとにその対応が異なってくることが予想され，個々の手法をどのように適用して被害を小さくするかという工夫や経験が，とくに重要である．

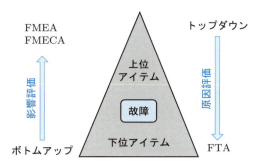

図 6.15　故障とフォールト解析の基本的取り組み方

■ 6.4.2 ■ FMEA と FMECA

FMEA は，アイテムを作成あるいは稼働させる前に，最上位アイテムであるシステムを構成するサブシステムや要素などの下位アイテムが機能を喪失したときに，システム全体にどのような影響が派生するかということを調べるために行われる．そこ

では，システムをアイテムの階層構造に従って分解し，各下位アイテムに生じる故障モードと，その故障モードが上位アイテムで要求されている機能に与えるすべての潜在的な影響を列挙し，定性的に信頼性を分析する．そのため，この手法は，最下位アイテムである要素の故障やフォールトの評価から最上位アイテムであるシステムの評価へと向かう，**ボトムアップ**型といわれる．FMEA は，詳細設計や生産設計の工程計画段階などで潜在化している問題を発掘し，設計の問題に起因する故障原因を未然に除去するのに，重要な役割を果たしている．

(1) 実施手順

FMEA では，最初にアイテムの構成図から，
① 機能と故障モードの分類
② 故障原因の列挙
③ 故障原因のランク付け
④ 故障防止または軽減策の決定

の項目について順次作表した後，総合的なランク付けを行い，この結果にもとづき望ましくない故障への対応を決めるという実施手順をとるのが普通である．なお，FMECA は，この FMEA に，**致命度**の定量的評価を付け加えたものである．

(2) 評価方法

典型的な FEMA のプロセスは，アイテムの構成図にもとづき，以下に述べる点を考慮した解析フォーマットを作成することである．
① アイテム全体の機能と，アイテムの機能を失う故障モードの定義を明確にする．
② 各故障モードが，アイテムの機能におよぼすと考えられる影響をすべて列挙する．
③ 各故障原因がアイテムの故障に対してどのような影響があるかを，影響度，出現頻度，故障の検出や検索の難易度および対策や修復の難易度といった要因の面からランク付けする．
④ 故障原因の相対的な致命度を求める．

次に，下位アイテムで着目している故障モードが上位アイテムへおよぼす影響を定量化して解析するため，まず，
① 影響度 E：neglect〜critical と評価し，1〜5 点
② 出現頻度 P：rare〜often と評価し，1〜3 点
③ 故障の検出や検索の難易度 α：easy〜hard と評価し，1〜3 点
④ 対策や修復の難易度 β：easy〜difficult と評価し，1〜3 点

の点数を付与する．その後，致命度 C を，

$$C = EP(\alpha + \beta) \tag{6.19}$$

で計算し，求めた致命度 C の大きさによって，neglect〜catastrophic まで五段階のランク付けをする．FMEA は，このような手順で，故障原因に対して最も問題がある部分を明確にし，ランク付けした致命度の評価にもとづき，故障生起の原因に相応した措置のとり方を決定する方法である．

(3) 長所と欠点

「下位アイテムの単一故障やフォールト源が，上位アイテムの故障やフォールトの原因である」という考え方にもとづいて行われる FMEA の利点は，着目するアイテムと他のアイテムとの関連をあらかじめ明確にする必要はなく，単に着目しているアイテムの故障モードだけを考えればよいことである．すなわち，各アイテムごとに故障モードが明確にされることになるので，その影響の度合いの評価および各故障モードごとの対策が立てやすい方法といえる．

しかし，見方を変えるとこの利点は欠点ともなり，各故障モード間の横のつながり，相互作用といった関連性を把握することが困難になっている．さらには，ソフトウエアやヒューマンエラーなどの故障解析には適していないことも欠点である．

■ 6.4.3 ■ FTA

FTA は，1961 年米国ベル研究所が，ICBM（大陸間弾道弾：inter-continental ballistic missile）ミニットマンの発射制御システムの安全性評価のために開発した信頼性や安全性の図式解析手法である．図 6.15 に示したように，FTA では，FMEA とは逆に，上位アイテムでの一番望ましくない特定の事象（**トップ事象**）をはじめに仮定し，事象発生の経路，原因および確率を分析するため，表 6.1 のような論理記号を用いて，その発生の経過をさかのぼって評価するという手順を用いる．

表 6.1 FTA に使用する代表的記号

(a) 論理ゲート

記号	名称	意味
	OR ゲート	入力事象のいずれか1つが存在するときだけ出力事象が発生する論理和
	AND ゲート	すべての入力事象が共存してはじめて出力事象が発生する論理積

(b) 事象記号

記号	名称	意味
	事象	条件，故障，結果などの基本事象の組合せにより生じる事象
	基本事象	発生確率が単独に得られる最下位レベルの基本的な事象

(1) 解析方法

論理線図解析である FTA では，表 6.1 に例示する論理ゲートと事象記号を用いて

事故や故障を可視化した図に展開し，因果関係の評価を進める．そのために描かれる階層図が，樹木の形に展開されることから，「フォールトの木解析」とよばれている．このFTAは，トップ事象という望ましくない事象を明示し，その発生要因を逐次下位レベルへと基本事象にまで展開することによって，因果関係を掘り下げていく**トップダウン型**の解析方法である．FMEAに比べて解析範囲は狭くなるが，論理的に明確であって，その確率を容易に計算できるという利点がある．

(2) 長所と欠点

FTAでは，望ましくない事象発生の因果関係を，論理ゲート記号を用いて，枝分かれとして明示するので，トップ事象発生に至るメカニズムを，トップダウンだけでなく，ボトムアップの視点からも明確にすることができる．すなわち，原因と結果の因果関係を上位から下位へ，あるいは下位から上位へと発生した事象ごとに逐次追跡することが可能である．そのため，アイテム全体としてどのような事象間の関係があり，また，基本的な各事象がどのように上位アイテムの事象と関連があるかを容易に把握できるという利点もある．さらに，FMEAでは扱いにくい多重モードやヒューマンエラーに関係する事象を，ハードウエアからソフトウエアまで解析できるという特徴もある．

このFTAの欠点として指摘されていることには，

① アイテムの特定事象の定義があいまいになりやすい
② 要因をもれなく抽出するのが難しい
③ 数量化のための基礎データが得にくい
④ 外乱の定量的モデル化が必要

などがある．そのため，設計上の欠陥の把握，安全性の評価，望ましくない事象発生の予測や故障検知方法などを検討するときには，FTAとFMEA両者の長所と短所を念頭に置き，両者を適切に活用することが，信頼性を向上させるための有用な手段となる．

例題 6.5 図6.16に示す系で，ヒータが加熱しないという事象を故障とした場合のFTAを行い，4000時間後のその事象の生起確率を求めよ．ただし，各構成要素の故障率は指数分布に従い，電源は 3×10^{-6}/時間，スイッチAとBは 4×10^{-5}/時間，スイッチCは 5×10^{-7}/時間，ヒータは 2×10^{-6}/時間の故障率とする．

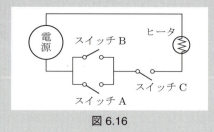

図 6.16

[解] 各事象における計算結果の確率を付記している FTA の結果は，図 6.17 のとおりである．4000 時間後のヒータが加熱しないという事象の生起確率は，4.38 %

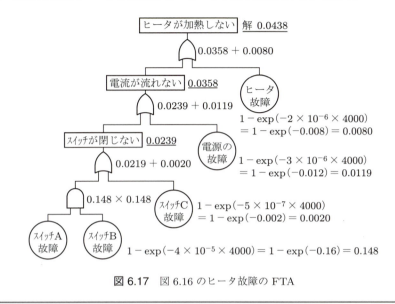

図 6.17　図 6.16 のヒータ故障の FTA

演習問題 6

6.1　指数分布に従う 3 個のアイテムによって構成されている直列系がある．各アイテムの MTBF が，それぞれ 220，180，300 時間であるとき，この系の MTBF を求めよ．

6.2　寿命（単位：時間）が正規分布 $N(80, 25)$，$N(90, 64)$ および $N(100, 70)$ に従う 3 要素からなる直列系の，運用 75 時間における信頼度 $R(75)$ を求めよ．

6.3　寿命（単位：時間）が $\alpha = 15$，$\beta = 100$ および $\alpha = 13.5$，$\beta = 120$ のワイブル分布に従う 2 要素からなる系並列冗長系と要素並列冗長系がある．この 2 つの系の運用 80 時間における信頼度 $R_s(80)$ と $R_e(80)$ を求めよ．

6.4　すべての構成要素が指数分布に従う図 6.10 の信頼性ブロック図に示す 2 重待機冗長系がある．要素 A は試験時間 160 時間で故障数 4 個，要素 B は試験時間 250 時間で故障数 5 個，スイッチの信頼度 4 %/10^3 時間 であるとき，この冗長系の運用 50 時間における信頼度 $R(50)$ を求めよ．

6.5　図 6.18 の信頼性ブロック図に示す信頼度 R_A，R_B，R_C，R_D，R_E，R_F の 6 要素からなるアイテムがある．このアイテムの (1) 信頼度 $R(t)$，(2) 6 要素が指数分布に従い，故障率が 6 要素 A，B，C，D，E，F で，それぞれ 2 %/10^3 時間，1 %/10^3 時間，5 %/10^3 時間，3 %/10^3 時間，4 %/10^3 時間，2 %/10^3 時間 であるとき，運用 10000 時間における

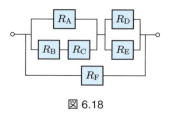

図 6.18

信頼度 $R(10000)$,を求めよ.

6.6 図 6.19 に示すように,エンジンからベルトを介して発電機を回し,一定温度でサーモスタットが作動して,モータに取り付けられた冷却ファンが回るという系がある.各要素の故障率は指数分布に従い,エンジンは 5×10^{-6} /時間,ベルトは 10^{-6} /時間,発電機は 3×10^{-6} /時間,スイッチは 4×10^{-6} /時間,サーモスタットは 4×10^{-6} /時間,温度ヒューズは 2×10^{-6} /時間,モータは 10^{-7} /時間の故障率であった.この系で,モータが始動しないという事象を故障とした場合の FTA を行い,運用 2000 時間におけるその事象の生起確率を求めよ.

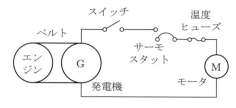

図 6.19

第7章 アイテムの保全性

アイテムには保全（修理）によって信頼性の維持をはかることを前提とする修理系と，保全を考慮しない非修理系とがある．保全を行いつつ使用する修理系アイテムでは，保全の効果を考慮した信頼性評価方法の考え方を把握しておくことが肝要である．そこで，7.1 節で保全の意義と種類について紹介し，7.2 節で保全度の定義・解析法を信頼度と対比させて示す．7.3 節で信頼度と保全度を同時に取り扱うアベイラビリティの評価方法を説明し，最後の 7.4 節で保全活動を行うための点検周期について述べる．

7.1 保全方式

「アイテムを使用可能な状態に維持する，あるいは故障やフォールトなどを回復するために行う修理，点検などを含むあらゆる処置のこと」を保全という．

7.1.1 予防保全と事後保全

保全には，予防保全と事後保全があり，それを行う時期や方法により，JIS Z 8115 において，図 7.1 に示す階層構造で分類されている．その内容は，以下のとおりである．

図 7.1 保全の管理上の分類

① **予防保全**：アイテムの機能を正常な状態に維持するため，アイテムの劣化が進行する前に，計画的に行う保全
② **状態監視保全**：アイテムの劣化状態を連続した計測・監視などにより把握または予知して行う予防保全
③ **時間計画保全**：ある一定の時間計画にもとづいて行う予防保全
④ **定期保全**：あらかじめ決めた時間間隔で行う時間計画保全
⑤ **経時保全**：アイテムがある基準時間に達したとき行う時間計画保全
⑥ **事後保全**：アイテムの故障が発生したとき，故障部分の修理あるいは取替などを

実施し，アイテムを正常な状態に回復するために行う保全
⑦ **通常事後保全**：管理上，予防保全を行わないことを決めたアイテムの故障に対する処置を行う事後保全
⑧ **緊急保全**：予防保全を行うアイテムの故障に対する処置を行う事後保全

(1) 保全とコスト

想定していない異常な故障が発生したときには，一般に，故障による損害は大きく，しかも保全費用は高くなり，保全時間も長くなる．そのため，1回当たりの保全費用を考えると，事後保全のほうが予防保全より高くなることが多いとされている．しかし，逆に運用可能時間は事後保全のほうが長くなり，保全回数も予防保全より少なくなるので，アイテムのライフサイクルコストの多寡を総合的に検討することが，保全計画策定に際して必要である．

さらに，アイテムによっては，保全をまったく行わない**メンテナンスフリー**設計のほうが，ライフサイクルコストが少なくなる場合もある．修理系アイテムであっても，たとえば，家庭にある家電製品や器具など使用環境が厳しくなく，ライフサイクルの短いアイテムでは，故障の影響はそれほど大きくないので，事後保全でもさしつかえないものも多い．

(2) 保全方法の選択

事後保全では，信頼性の向上を見込めないと考えられがちである．もちろん，直列系では，事後保全による信頼性の向上を見込むことはできない．しかし，並列系では，事後保全によっても信頼性の向上をはかることが可能な場合がある．たとえば，6.3.3項で説明した最も単純な2要素並列系において，1個の要素が故障しても，残りの要素が正常に動作している間に保全を完了することができるなら，アイテムとしての機能は停止しない．すなわち，予防保全を行わない並列系アイテムの信頼性は，事後保全でも向上する可能性がある．なお，たとえアイテムが故障したとしても，迅速に事後保全が行われ，実用に支障がなければ，アイテムの使命は達成されているとみなせる．

これに対し，予防保全によってアイテムの信頼性が向上することは，誰しも容易に理解できることである．休止損失が重要な問題となるライフライン，生産設備やプラント，安全が大切である輸送用機器などでは，予防保全が不可欠であるし，義務づけられている．絶対的な安全が要求され，とくに保全費用の高い民間航空輸送業界では，新型航空機との交替を検討するうえで，保全費用の多寡が重要な要因となっている．

結局，保全を行う方針は，アイテムの種類，使用目的，故障の影響度などをトレードオフの視点で考慮しつつ，アイテムのライフサイクルに合わせて，信頼と安全確保のためにケースバイケースで決める重要な問題である．

■ 7.1.2 ■ 保全性設計

保全性設計とは，保全計画を立案しやすく，アイテム全体の保全を容易にするための設計技術である．その際，故障の検知，修理，点検だけでなく，保全に携わる要員に関連して人間要素が関係することがらも考慮する必要がある．信頼性確保をめざして，故障や欠点を見いだし，原因を探り，措置する方法を判断するといった保全作業の基本的な効能を表したのが，図 7.2 である．

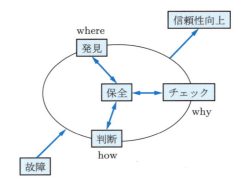

図 7.2　保全性確保の要点

(1) 保全性設計の要素

一般的な保全性設計に関連する要素は多々あるが，アイテムの使用形態や，経済性を考慮して，保全性設計を具体化するための手法には，以下に述べるような視点が必要である．

① **保全の簡素化**：作業性を考慮するとともに，下位アイテムの標準化，ユニット化をはかって，作業を簡単にする．
② **保全の回数減**：エラーリカバリ設計の導入，メンテナンスフリーの下位アイテムを使用する．
③ **保全時間減**：故障の検出，追跡機能を整備し，修理，調整が容易にできるよう工夫する．
④ **保全費用減**：アイテムの寿命判断基準を明確にしたり，特殊技術，専用工具の必要性を減らす．

このほかにも，接近性や交換性といった代表的な保全性設計における設計要素がある．接近性とは，アイテムの故障点などに要員が近づいて，保全作業が容易に行えることであって，主としてアイテムの内外構造，開口部の位置と寸法，部品配置，検査ポイントの設置などの空間配置の適切さで定まる．交換性とは，故障アイテムを取り替えるとき，そのまわりの部品を取りはずし，また付けなおす必要性を省く設計のことである．

(2) 重要事項

　保全性設計では，アイテムの簡易化，標準化，互換性，交換性を念頭に，修理や点検が容易で，入手しやすい部品を使うことが，故障に対する適切な対応を可能にするための基本となる．さらには，人間工学的に使いやすく，「人間は必ず過ちを犯す．万一ミスが起きても万全な対策を」という概念にもとづきヒューマンエラーの起こりにくい設計にすることが肝要である．そのため，保全性設計においては，

① モジュール設計の徹底
② 下位アイテムの配置，取り付けの適正化
③ チェックポイントの明確化
④ 最小の保全技術と最少の工具
⑤ 保全用ドキュメントの整備

などが要求される．保全性設計を遂行するためには，アイテムの機能について正しい認識をもち，努力してあらゆる不測の事態を回避する対策を，「作業員の教育」といった人間要素にも留意しつつ，絶えず検討して改善することが重要である．

7.2　保全度関数

(1) 概　念

　保全度とは，1.3.2 項で述べたように，「故障したアイテムの保全作業を規定の条件で行ったとき，規定の時間内に保全が終了する確率」のことであり，保全時間を確率変数とみなしたときの分布関数である．保全度がよくて休止時間が短いアイテムであれば，故障による実害は少なくなると考えられる．このような特質がある保全度は，信頼度と同等の信頼性を評価するための基本的な尺度であり，3.2.3 項で定義した信頼度関数に対応する**保全度関数**を定義することができる．

(2) 保全度関数の特徴

　いま，**保全時間（修復時間）** τ に関し，保全時間の確率密度関数を $m(\tau)$ とするとき，保全時間と確率密度の関係を図 7.3 のように示すことができる．保全時間の確率密度関数 $m(\tau)$ に対する保全時間の分布関数 $M(\tau)$ が保全度である．$M(\tau)$ は修理が保全時間 τ の間に完了する確率を表す．それゆえ，保全度 $M(\tau)$ は，3.2.2 項で述べた不信頼度 $F(t)$ がもっているものと同じ次の性質をもつ．

① 時間の非減少関数
② $M(0) = 0$
③ $M(\infty) = 1$

ここで，時刻 $\tau = 0$ で保全を開始し，時刻 τ にまだ保全が終了していないアイテムに

7.2 保全度関数

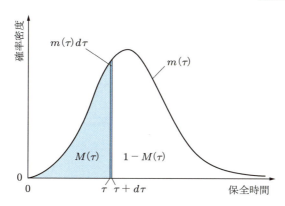

図 7.3 保全時間の確率密度関数分布

注目するとき，引き続く単位時間 $d\tau$ の間に保全が終了する確率が，式 (3.5) の故障率に対応する**修復率** $\mu(\tau)$ であり，次式で表すことができる．

$$\mu(\tau) = \frac{m(\tau)}{1 - M(\tau)} \tag{7.1}$$

したがって，保全度 $M(\tau)$ は，3.2.4 項で述べた故障率と信頼度関数や不信頼度関数の関係と同様に解析すれば，次式となる．

$$M(\tau) = \int_0^\tau m(\tau)\,d\tau = 1 - \exp\left\{-\int_0^\tau \mu(\tau)\,d\tau\right\} \tag{7.2}$$

一方，修復が完了するまでの平均時間，すなわち，式 (3.21) で定義した**平均修復時間 (MTTR)** は，平均の定義式 (2.46) に従って，次式で求められる．

$$\mathrm{MTTR} = \int_0^\infty \tau m(\tau)\,d\tau \tag{7.3}$$

ここで，修復率が時間に独立，すなわち $\mu(\tau) = \mu = $ 一定のとき，保全度は指数分布に従い，その確率密度関数は，式 (4.14) より，

$$m(\tau) = \mu \exp(-\mu\tau) \tag{7.4}$$

となり，分布関数は，

$$M(\tau) = \int_0^\tau \mu \exp(-\mu\tau)\,d\tau = 1 - \exp(-\mu\tau) \tag{7.5}$$

となる．したがって，式 (7.3) と式 (4.15) の関係より，MTTR は次のようになる．

$$\mathrm{MTTR} = \frac{1}{\mu} \tag{7.6}$$

例題 7.1 あるアイテムの修復時間の観測データ（単位：時間）として，表 7.1 の結果を得た．この分布が指数分布に従うとき，30 時間後の保全度 $M(30)$ を求めよ．

表 7.1

修復時間	2	4	6	8	10	12
保全数	5	3	5	4	2	1

[解] 総修復時間 = 116 時間，総保全数 = 20 件，したがって，式 (3.21) より MTTR = 116/20 = 5.8 時間 であり，式 (7.6) より修復率 $\mu = 1/\text{MTTR} \fallingdotseq 0.1724$ /時間 となる．ゆえに，30 時間後の保全度は，式 (7.5) より，

$$M(30) = 1 - \exp(-0.1724 \times 30) \fallingdotseq 0.9943 = 99.43\,\%$$

7.3 アベイラビリティ

たとえ信頼性が悪くてしばしば故障するアイテムであっても，保全度がよくて休止時間が少なければ実用上は困ることはない．また，故障を未然に防ぐために点検をし，不具合があるとただちに修理する旅客機などの輸送用機器，あるいは工場で稼働している産業機械のように，保全を行うことを前提としているアイテムでは，故障が起こらない確率という信頼度のほかに，修理が容易であって短時間で終了し，必要なときにアイテムが稼働可能であるということが，使用に際しての重要な尺度となる．このような概念にもとづく**アベイラビリティ**は，保全による信頼性維持をはかるアイテムの広義の信頼性を表す尺度である．

■ 7.3.1 ■ アベイラビリティの基礎

時間の関数であるアベイラビリティは，1.3.4 項で述べたように，「修理しながら使用するアイテムが，ある所定の使用条件のもとで，ある特定の時点に所定の機能を保持している確率」であり，信頼性性能，保全性性能，保全支援能力に総合的に依存する信頼性評価指標である．すなわち，アベイラビリティは，

① 規定の時間までに故障しない確率（信頼度）

② 故障しても規定時間内に修理を完了している確率（保全度）

を組み合わせた量となっている．概念的には，図 7.4 に示す全面積に対する青色部分の割合として評価できる．

このアベイラビリティをアイテムの信頼性の尺度として用いるときには，保全による信頼度向上寄与分を有用なものとして総合的に評価する．しかし，アベイラビリティ

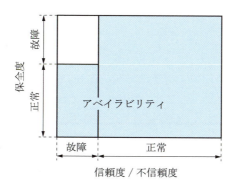

図 7.4 アベイラビリティの概念

を用いて総合的に当該アイテムの信頼性を考慮するためには，信頼度と保全度の兼ね合いをどのように設定するかが重要課題であり，いろいろな定義やよび方がある．アベイラビリティの評価においても，所定の使命，所定の時間，所定の使用条件および保全条件を明確にしておくことが重要である．

■ 7.3.2 ■ 瞬間アベイラビリティ

最も単純なアベイラビリティ $A(t)$ は，運用中の N_0 個のアイテムのうち，ある時刻 t において動作可能な状態にあるアイテム数を $N(t)$ とするとき，次式で表される．

$$A(t) = \frac{N(t)}{N_0} \tag{7.7}$$

この与えられた時点でアイテムが動作可能な確率を表すアベイラビリティは，**瞬間アベイラビリティ**ともよばれている．これは，時刻 t に至るまでの途中経過には無関係で，あくまで時刻 t の瞬間における状態の値である．また，ある与えられた時間間隔 (t_1, t_2) に対するアベイラビリティの平均は，**平均アベイラビリティ** $\overline{A}$ として，次の関係で求められる．

$$\overline{A} = A(t_1, t_2) = \frac{1}{t_2 - t_1} \int_{t_1}^{t_2} A(t)\,dt \tag{7.8}$$

定性的にアベイラビリティは，十分長い時間 $(t \to \infty)$ 経過すれば，一定値に漸近する性質をもつ．この状態を考慮したアベイラビリティには，3.3.2 項で説明した平均アップ時間 (MUT)，平均ダウン時間 (MDT) を用いて表す**運用アベイラビリティ** A_o，

$$A_o = \frac{\text{MUT}}{\text{MUT} + \text{MDT}} \tag{7.9}$$

と，平均故障間動作時間 (MTBF)，平均修復時間 (MTTR) を用いて表す**固有アベイラビリティ** A_i，

$$A_i = \frac{\text{MTBF}}{\text{MTBF} + \text{MTTR}} \tag{7.10}$$

とがある．

ここで，故障の発生時間および修復時間がともに指数分布に従い，その故障率を λ，修復率を μ とするとき，式 (7.10) の固有アベイラビリティ A_i は，式 (4.17) より MTBF $= 1/\lambda$，式 (7.6) より MTTR $= 1/\mu$ だから，次式となる．

$$A_i = \frac{\mu}{\mu + \lambda} \tag{7.11}$$

式 (7.11) の結果を参照して，アベイラビリティの向上をはかる方策を考察した結果が図 7.5 である．故障率が大きいとアベイラビリティは低下し，それを向上させるためには，修復率の改善もしくは故障率の低減が有効であることを示している．

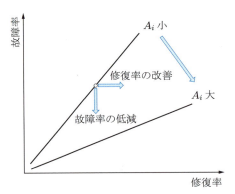

図 7.5 固有アベイラビリティ A_i の向上策

例題 7.2 あるアイテムの毎日の動作時間，修復時間，保全数を 1 ヶ月分集計すると，動作時間 155 時間，修復時間 18 時間，保全数 25 件であった．このアイテムの固有アベイラビリティ A_i を求めよ．

[解] 3.3.2 項を参照すれば，

$$\text{MTBF} = 動作時間 \div 保全数 = 155/25 = 6.2 \text{ 時間}$$
$$\text{MTTR} = 修復時間 \div 保全数 = 18/25 = 0.72 \text{ 時間}$$

である．したがって，固有アベイラビリティ A_i は，式 (7.10) より，

$$A_i = \frac{6.2}{6.2 + 0.72} \fallingdotseq 0.8960 = 89.60\ \%$$

■ 7.3.3 ■ 機器アベイラビリティ

時刻 t において，使用できる機器と時間 τ 以内に保全によって動作可能状態に回復する機器との総合効果により，所定の割合の機器が使用可能状態にある確率的尺度が**機器アベイラビリティ**である．すなわち，機器アベイラビリティは，t 時間内に τ 以内の時間で修理可能な故障しか生じない（**修復許容時間** τ）という条件の下で，アイテムが動作可能状態にある確率である．そのため，機器アベイラビリティ $A_E(t)$ は，信頼度 $R(t)$ および保全度 $M(\tau)$ との関係で，

① 時刻 t まで故障しない確率

② 時刻 t までに故障しているアイテムが修復許容時間 τ 以内に修復している確率

の和となる．① の確率は $R(t)$，② の確率は $1 - R(t)$ と $M(\tau)$ の積だから，

$$A_E(t) = R(t) + \{1 - R(t)\}M(\tau) \tag{7.12}$$

となる．式 (7.12) は，② の修復許容時間内に修理完了という保全の効果でアイテムの使命を完遂できる確率が増すことを意味している．

機器アベイラビリティに対する信頼度と保全度の影響を，式 (7.12) を用いて評価した結果が，図 7.6 である．機器アベイラビリティに対する信頼度と保全度の依存性が等価であるため，目標とするアベイラビリティを達成する方策は，信頼度もしくは保全度の向上が有効といえる．しかし，この場合も図 1.9 に示した信頼性とライフサイクルコストの関係を念頭において，信頼度を高めるために必要な初期費用と，保全に要する費用の両者を勘案して，その方策を決定することになる．

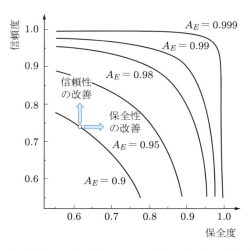

図 7.6　機器アベイラビリティ A_E と信頼度，保全度の関係

ここで，信頼度（故障の発生時間）も保全度（修復時間）も指数分布に従い，その故障率を λ，修復率を μ とするとき，信頼度と保全度は，それぞれ式 (4.12) と式 (7.5) より，次のようになる．

$$R(t) = \exp(-\lambda t), \qquad M(\tau) = 1 - \exp(-\mu\tau)$$

これらの式を式 (7.12) に代入すると，機器アベイラビリティは，次式で表される．

$$\begin{aligned}A_E(t) &= \exp(-\lambda t) + \{1 - \exp(-\lambda t)\}\{1 - \exp(-\mu\tau)\} \\ &= 1 - \exp(-\mu\tau) + \exp\{-(\lambda t + \mu\tau)\}\end{aligned} \qquad (7.13)$$

例題 7.3 故障率 $\lambda = 10^{-3}$ /時間である指数分布に従うアイテムにおいて，MTTR が 20 分であり，修復時間が 45 分以内の故障は故障とみなさないという．このとき，運用 2000 時間における機器アベイラビリティ $A_E(2000)$ を求めよ．

［解］$\lambda = 10^{-3}$ /時間，修復許容時間 $\tau = 45/60 = 0.75$ 時間，修復率 $\mu = 1/\text{MTTR} = 60/20 = 3$ /時間だから，2000 時間における機器アベイラビリティは，式 (7.13) より，

$$A_E(2000) = 1 - \exp(-3 \times 0.75) + \exp\{-(10^{-3} \times 2000 + 3 \times 0.75)\}$$
$$\fallingdotseq 0.8931 = 89.31\,\%$$

■ 7.3.4 ■ 使命アベイラビリティ

修理するのに τ 以上の時間を必要とするような故障が発生することなく，時刻 t においてサービス状態にあるアイテムの残存確率を考えたものが**使命アベイラビリティ**である．この使命アベイラビリティは，要求されている時間 t と修復許容時間 τ が与えられたとき，アイテムが使命を完遂できる確率を表している．

機器アベイラビリティの考え方を拡張しているこの尺度では，時間 t の間に生じる故障の数に制限はなく，生じた故障の中に τ 時間以上の修理時間を要するものがあればアイテムの使命が履行されたとは考えないだけである．すなわち，使命アベイラビリティは，修理時間が τ 以上を要する故障なしに時間 t を経過した後に，使命を遂行できるアイテムの残存確率を示す．

ところで，時刻 t までに x 回目の故障が起こる確率は，ポアソン分布で与えられ，故障率を λ とするとき，式 (4.10) より確率関数 $f(x)$ は，次式である．

$$f(x) = \frac{(\lambda t)^x}{x!} \exp(-\lambda t)$$

一方，修復許容時間 τ 以内にすべての引き続く故障が修理されている確率とは保全度

のことであり，保全度 M は，修復率 μ が時間によらず一定のとき（指数分布に従うとき）には，式 (7.5) より，次の式で表される．

$$M = 1 - \exp(-\mu\tau)$$

したがって，使命アベイラビリティ $A_M(t)$ は，次のようになる．

$$\begin{aligned}
A_M(t) &= \sum_{x=0}^{\infty} \frac{(\lambda t)^x \exp(-\lambda t)}{x!} M^x = \exp(-\lambda t) \sum_{x=0}^{\infty} \frac{(\lambda t M)^x}{x!} \\
&= \exp(-\lambda t)\exp(\lambda t M) = \exp\{-\lambda t(1-M)\} \\
&= \exp\{-\lambda t \exp(-\mu\tau)\}
\end{aligned} \tag{7.14}$$

例題 7.4 故障率 $\lambda = 10^{-3}$ /時間である指数分布に従うアイテムにおいて，MTTR が 20 分であり，修復時間が 45 分以内の故障は故障とみなさないという．このとき，運用 2000 時間における使命アベイラビリティ $A_M(2000)$ を求めよ．

［解］$\lambda = 10^{-3}$ /時間，修復許容時間 $\tau = 45/60 = 0.75$ 時間，修復率 $\mu = 1/\text{MTTR} = 60/20 = 3$ /時間だから，2000 時間における使命アベイラビリティは，式 (7.14) より，

$$A_M(2000) = \exp\{-10^{-3} \times 2000 \exp(-3 \times 0.75)\} \fallingdotseq 0.8099 = 80.99\,\%$$

■ 7.3.5 ■ アベイラビリティの評価

上述したアベイラビリティの評価を行うため，図 7.7 には，修復許容時間 $\tau = 40$ 分 $= 0.666\cdots$ 時間，修復率 $\mu = 3$ /時間，故障率 $\lambda = 0.001$ /時間としたときの式 (7.11) の固有アベイラビリティ A_i，式 (7.13) の機器アベイラビリティ A_E，式 (7.14) の使命アベイラビリティ A_M，式 (7.5) の保全度 M および式 (4.12) の信頼度 R を，時間 t の関数として整理した結果を示す．なお，固有アベイラビリティは，$A_i \fallingdotseq 0.9997$ と 1 に近い一定値である．

時間経過にともなう全般的な変化の傾向をまとめると，以下の結果を得る．

まず，時間 t に独立である保全度 M は，$M \fallingdotseq 0.8647$ と一定である．機器アベイラビリティ A_E は，$t \to \infty$ のとき，保全度 M に漸近し，使命アベイラビリティ A_M と信頼度 R は，$t \to \infty$ のとき，ゼロに漸近する．機器アベイラビリティ A_E が保全度に収束する結果は，時間の経過につれて式 (7.12) の R がゼロに収束し，最終的に，一定値の M で決まるためである．一方，使命アベイラビリティ A_M がゼロに近づく結果は，時間の経過につれて，故障発生確率が増し，$R \to 0$ のとき，M の寄与があっても，その効果はしだいに小さくなるためである．

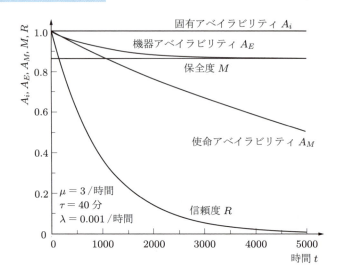

図 7.7　アベイラビリティ，信頼度，保全度の比較

　このような相違は，単に保全度の役割評価法の違いに起因している．しかし，機器アベイラビリティ A_E が使命アベイラビリティ A_M とともに，信頼度 R より大きい値となるのは，保全が信頼性向上に有効な手段であることを示唆している．

7.4　保全方策

　保全活動を効果的に行うためには，保全の目的を正しく理解し，目的に合致した適切な方策を選定することが重要である．ここでは，点検周期内の事後保全を含む**定期点検**を通して予防保全を行うにあたり，アベイラビリティの期待値が最大となる立場から，予防保全のための定期点検周期設定の考え方について検討する．

　いま，7.3.2 項の説明に従うと，対象とする全時間に対する定期点検周期（動作可能時間）の比で表す平均アベイラビリティ $\overline{A}$ は，定期点検に要する平均時間を T_1，事後保全に要する平均時間を T_2，定期点検周期を T_3，故障率を $\lambda(t)$ とするとき，次式で表される．

$$\overline{A} = \frac{T_3}{T_1 + T_2 \int_0^{T_3} \lambda(t)\, dt + T_3} \tag{7.15}$$

　以下では，アイテムの寿命時間の分布が，指数分布およびワイブル分布に従う場合に関して，最適な定期点検周期を平均アベイラビリティを最大にする値として設定する．

■ 7.4.1 ■ 指数分布に従う場合の定期点検周期

指数分布の故障率は，式 (4.11) より，

$$\lambda(t) = \lambda = 一定$$

であるので，これを式 (7.15) に代入すると，平均アベイラビリティ $\overline{A}$ は，

$$\overline{A} = \frac{T_3}{T_1 + (\lambda T_2 + 1)T_3} \tag{7.16}$$

となる．よって，アベイラビリティが最大となる定期点検周期は，

$$\frac{\partial \overline{A}}{\partial T_3} = \frac{T_1}{\{T_1 + (\lambda T_2 + 1)T_3\}^2} = 0$$

のときである．この条件を満足する解は，定期点検に要する平均時間 $T_1 = 0$ であり，定期点検周期 T_3 を特定することが不可能であることを表している．この結果から，アイテムの寿命時間の分布が指数分布に従う，すなわち偶発故障期間（CFR 分布）における定期点検は不要であり，事後保全の選択が適切な措置となる．

■ 7.4.2 ■ ワイブル分布に従う場合の定期点検周期

ワイブル分布の故障率は，式 (4.45) より，

$$\lambda(t) = \frac{f(t)}{R(t)} = \frac{\alpha\, t^{\alpha-1}}{\beta^\alpha}$$

であるので，これを式 (7.15) に代入すれば，平均アベイラビリティ $\overline{A}$ は，

$$\overline{A} = \frac{T_3}{T_1 + T_2 \left(\frac{T_3}{\beta}\right)^\alpha + T_3} \tag{7.17}$$

と表される．よって，アベイラビリティが最大となる定期点検周期は，

$$\frac{\partial \overline{A}}{\partial T_3} = \frac{T_1 + T_2 \left(\frac{T_3}{\beta}\right)^\alpha + T_3 - T_3 \left(\frac{\alpha T_2}{\beta^\alpha} T_3^{\alpha-1} + 1\right)}{\left\{T_1 + T_2 \left(\frac{T_3}{\beta}\right)^\alpha + T_3\right\}^2} = 0$$

の解として与えられる．この条件を満足する T_3 は，次のようになる．

$$T_3 = \beta \left\{\frac{T_1}{(\alpha-1)T_2}\right\}^{1/\alpha} \tag{7.18}$$

この結果から，アベイラビリティを最大とする定期点検周期 T_3 は，形状母数 α の変化に対応して，

① $\alpha < 1$ の初期故障期間（DFR 分布）においては，設定不可能
② $\alpha = 1$ の偶発故障期間（CFR 分布）においては，$T_3 = \infty$ で無意味
③ $\alpha > 1$ の摩耗故障期間（IFR 分布）においては，設定可能

という結果を得る．すなわち，アイテムの従う寿命分布が，
① DFR 分布のときには，故障したならアイテム自体を取り替える
② CFR 分布のときには，指数分布の結果と一致し，事後保全を選択する
③ IFR 分布のときには，予防保全を選択する

ことが適切となる．したがって，寿命時間の分布がワイブル分布に従うアイテムでは，IFR 分布の摩耗故障期間においてのみ，式 (7.18) で与えられる保全周期を設定して，予防保全を行うことが有意義であり，かつ適切であるといえる．

例題 7.5 あるアイテムにおける故障時間は，$\alpha = 10$，$\beta = 5000$ 時間のワイブル分布に従い，定期点検の平均時間 $T_1 = 3$ 時間，事後保全の平均時間 $T_2 = 2$ 時間であった．このとき，最適な定期点検周期 T_3 を求めよ．

［解］$\alpha = 10$，$\beta = 5000$ 時間，$T_1 = 3$ 時間，$T_2 = 2$ 時間だから，式 (7.18) より，

$$T_3 = 5000 \left\{ \frac{3}{(10-1) \times 2} \right\}^{1/10} \fallingdotseq 4180 \text{ 時間} \fallingdotseq 174 \text{ 日}$$

演習問題 7

7.1 あるアイテムの保全時間の観測データ（単位：時間）として，表 7.2 の結果を得た．この分布が指数分布に従うものとして，10 時間後の保全度 $M(10)$ を求めよ．

表 7.2

修復時間	2	4	6	8	10	12	14
保全数	12	8	9	7	4	2	1

7.2 指数分布に従う 5 アイテム（$i = 1 \sim 5$）からなる，通常事後保全を行う直列系アイテムがある．各アイテムの故障率が，それぞれ $2.6\%/10^3$ 時間，$4.2\%/10^3$ 時間，$5.1\%/10^3$ 時間，$1.8\%/10^3$ 時間，$3.5\%/10^3$ 時間であり，MTTR が，それぞれ 0.25 時間，0.2 時間，0.15 時間，0.4 時間，0.3 時間であった．この直列系の動作時間 10^3 時間における MTTR の期待値を求めよ．

7.3 あるアイテムの毎日の動作時間，修復時間，故障数（保全数）を 1 ヶ月分集計したとき，それぞれ 237 時間，20 時間，35 件であった．このアイテムの固有アベイラビリティ A_i を求めよ．

7.4 故障率が 5×10^{-3}/時間，MTTR が 1 時間であり，修復時間が 30 分以内の故障は故

障とみなさない指数分布に従うアイテムがある．運用 100 および 200 時間における，機器アベイラビリティ A_E，使命アベイラビリティ A_M，保全度 M，信頼度 R を求めよ．

7.5　あるアイテムの寿命（単位：時間）は，正規分布 $N(1600, 900)$ に従っている．経時保全時間を残存確率が 98 % の時点に設定するとき，その時間 t を求めよ．

7.6　1000 時間連続使用したい指数分布に従うアイテムがある．MTTR を 15 分，修復時間が 30 分以内の故障は故障とみなさないものとするとき，1000 時間の使用時に，(1) 機器アベイラビリティを 99 % 以上とするために必要な故障率 λ_E，(2) 使命アベイラビリティを 99 % 以上とするために必要な故障率 λ_M，を求めよ．

7.7　あるアイテムの保全時間（単位：分）の観測データとして，表 7.3 の結果を得た．これが対数正規分布に従うものとして，(1) MTTR と標準偏差 σ，(2) 60 分後の保全度 $M(60)$，を求めよ．

表 7.3

保全時間	5	10	20	30	60	120	180	240
保全数	1	6	3	8	4	5	2	1

第8章 信頼性の抜取試験

　ものづくりにおいて重要なことは，アイテムの信頼度が所定の規格を満足していることの保証である．一般に，生産したアイテムの全数試験を実施することは困難なので，信頼性工学の基本的事項の1つである抜取試験を行い，信頼度保証の合否を判定することになる．ここでは，この抜取方式の概要を8.1節で紹介し，8.2節では，抜取検査に用いるOC曲線の概念について示し，8.3節では，信頼性評価のための基本的な抜取試験方式立案の要点について説明する．

8.1　抜取方式の種類

■ 8.1.1 ■ 概　念

　アイテムの信頼性や安全確保の観点から，生産されたアイテムが，一定の規格を満足しているか否かを，アイテム数の多少を問わず，検査あるいは試験で確認することは，きわめて重要なことである．しかし，昨今の長寿命で故障率のきわめて低い高品質アイテムでは，時間的制約によって，生産したアイテム全数の信頼性を試験することが，事実上困難である．さらには，検査や試験に多くの労力や費用がかかり，コスト上昇を招くという不都合を生じることもある．

　そのため，たとえば，大量生産品では，ロットから，また，生産量の少ない場合には，アイテム集団から任意抽出したサンプルについて，信頼性（故障率，寿命など）を調べた結果にもとづいて全体の合否を判定する**抜取試験**が行われる．抜取試験は，観測にもとづく仮説の統計的試験を，ランダムに抜き取ったサンプルについて実行するということである．その基本的な概念を，図8.1に示す．もちろん，容易に実行可能な特性値の測定試験とか，スクリーニングの目的をもつ試験であれば，量産品であっても全数試験が実施される．

■ 8.1.2 ■ 基本の方式

　信頼性試験における抜取方式の基本形は，計数型と計量型，1回抜取と逐次抜取の組合せ，すなわち，計数1回抜取方式，計量1回抜取方式，計数逐次抜取方式，計量逐次抜取方式の4通りである．計数型は，たとえば，故障数という計数データを観測して合否判定を行うが，計量型は，たとえば，寿命時間という計量データを観測して合否判定を行う方式である．**1回抜取方式**は，1回だけ抜き取ったサンプルの抜取試

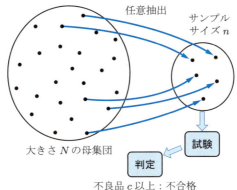

図 8.1　抜取試験の概念

験結果で合否判定を行うのに対し，**逐次抜取方式**は，複数のサンプルで観測した累積結果に対して，順を追って合格，不合格または試験継続のいずれかを決定するもので，**信頼性逐次試験方式**という．

　組合せによってさまざまな方式が可能であるけれど，よく用いられている方式は，計数1回抜取方式と計数逐次抜取方式である．抜取試験の解析に適用されている故障分布は，母数が1個のため数学的取り扱いが簡単な指数分布あるいはポアソン分布がほとんどであるが，ワイブル分布や対数正規分布の場合もある．また，試験時間，サンプルサイズや合格判定個数といった合否判定基準は，アイテムの従う分布によって当然異なる．なお，アイテムの信頼性を実証する場合には，故障生起の測定のほかに，欠陥や異常の有無ないしはその発生時期にも着目している．

8.2　OC 曲線

　ロットの合否を少ないサンプル数の抜取試験で適切に判定するためには，「この程度の確率で大丈夫らしい」という，**信頼水準**，**区間推定**の考え方（3.2.7項参照）を導入することが必要となる．そういった評価の特徴を表している曲線が，**検査特性曲線**（**OC 曲線**：operating characteristic curve）である．

■ 8.2.1 ■ ロット合格率

　あるアイテムの大きさ N のロットから，n 個 $(1 \leqq n \leqq N)$ のサンプルをただ1回抽出する最も標準的な計数1回抜取方式では，普通，ロットから任意抽出した n 個を調べて，

　① 不良品が合格判定個数 c 以下なら合格

② c より多ければ不合格

という判定を下している．したがって，ロット不良率が p であるとき，このアイテムのロット合格率 $L(p)$ は，「N 個のアイテム中に故障しているアイテムが Np 個あり，この N 個から n 個を選び出すとき，故障しているアイテム数が c 個以下となる確率」だから，次のようになる．

$$L(p) = \sum_{x=0}^{c} \frac{\binom{Np}{x}\binom{N-Np}{n-x}}{\binom{N}{n}} \tag{8.1}$$

ロットの大きさ N が大きいとき，式 (8.1) を直接計算することは困難であるが，抽出率 $n/N \leqq 0.1$，不良率 $p \leqq 0.1$ の場合には，式 (4.1) の二項分布を用いて近似することができるという性質を利用すると，次式を得る．

$$L(p) = \sum_{x=0}^{c} \binom{n}{x} p^x (1-p)^{n-x} \tag{8.2}$$

この式 (8.2) は，$p \leqq 0.1$，不良品の期待値 $\mu = np \leqq 5$ となるとき，np をポアソン分布の式 (4.5) の母数としてポアソン近似することができる．これにより，ロット合格率は，

$$L(p) = \sum_{x=0}^{c} \frac{(np)^x}{x!} \exp(-np) = \sum_{x=0}^{c} \frac{\mu^x}{x!} \exp(-\mu) \tag{8.3}$$

となる．しかし，式 (8.3) でも計算および取り扱いが煩雑なので，これをさらに簡便にするために展開して，**χ^2 分布**の確率密度関数を利用すれば，次の関係を得る．

$$2\mu = 2np = \chi^2_{L(p)}(2(c+1)) \tag{8.4}$$

この式 (8.4) が，不良品の期待値 μ，サンプル数 n，合格判定個数 c，ロット不良率 p，ロット合格率 $L(p)$ の間の関係式である．$\chi^2_{L(p)}(2(c+1))$ は，5.3 節で説明した自由度 $2(c+1)$ の χ^2 分布の上側確率 $100L(p)$ %点の値である．

例題 8.1 あるアイテムのロットについて，サンプル 60 個を抜取試験して不良品の合格判定個数 $c = 0$ で不良率を保証したい．このアイテムのロット合格率 $L(p)$ と不良率 p の関係を求めよ．

[解] 最初に，式 (8.4) より $c = 0$ での $L(p)$ に対応する $\chi^2_{L(p)}(2)$ を，付表 4 に示す χ^2 分布より求め，表 8.1 の上 2 段に記入する．次に，$n = 60$ での不良率 p を式 (8.4) で求める

と，表の下段の値を得る．この $L(p)$ と p の関係をプロットしたものを，図 8.2 に示す．この結果は，たとえば，ロット合格率を 99 ％ にするためには，不良率が 0.0168 ％ 以下でなければならないことを示している．

表 8.1

$L(p)$	0.99	0.95	0.9	0.8	0.7	0.6	0.5
$\chi^2_{L(p)}$	0.0201	0.1026	0.2107	0.4463	0.7134	1.0217	1.3863
p [%]	0.0168	0.0855	0.1756	0.3719	0.5945	0.8514	1.1552

$L(p)$	0.4	0.3	0.2	0.1	0.05	0.01
$\chi^2_{L(p)}$	1.8326	2.4080	3.2189	4.6052	5.9915	9.2103
p [%]	1.5271	2.0066	2.6824	3.8376	4.9929	7.6753

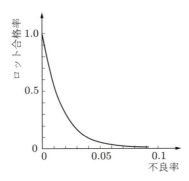

図 8.2 ロット合格率と不良率の関係

■ 8.2.2 ■ 抜取試験の信頼水準

抜取試験では，適切な合格判定個数 c とサンプル数 n を決めることが重要な課題となる．いま，大きさ N, 不良率 p のロットから抽出した n 個のサンプルについて合格判定個数 c の抜取試験を行うとき，そのロット合格率 $L(p)$ は式 (8.4) で表されるが，標本調査なので，当然一定値ではなく，n と c の数に依存して変化する．サンプル数を多くするか，全数試験を実施すれば，妥当な合格率が得られるが，それは少数のサンプルの利用を基本とする抜取試験に対する自己矛盾である．さらに，信頼性試験は，すべてが破壊試験というわけではないが，破壊的要素をもつものも多く，検査のために損なってしまうアイテム数を増やす方式は，基本的に採用困難である．

(1) OC 曲線の概要

図 8.3 と図 8.4 に示すのは，良品と不良品を判別する特性を記述する OC 曲線である．図 8.2 の曲線と似ている OC 曲線は，縦軸にサンプルを抜き取ったロットの合格率 $L(p)$, 横軸に故障率 λ（図 8.3），あるいは平均寿命 θ（図 8.4）など，品質特性値をプロットする．ここで，図中の λ^* や θ^* は，対象アイテムの数学的確率ないしはそ

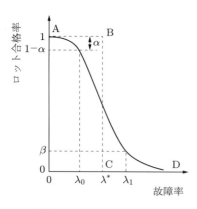
図8.3 故障率のOC曲線

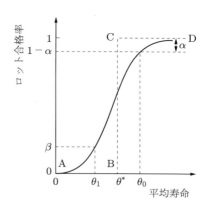
図8.4 平均寿命のOC曲線

れに対応する値を表し，後述するように，λ_0 と θ_0 は合格水準（合格とすることができる最低の品質水準），λ_1 と θ_1 は不合格水準（なるべく不合格としたい品質水準）を表している．

図8.3に示すように，故障率を尺度とするOC曲線の場合，ロット合格率は故障率 λ，サンプル数 n，合格判定個数 c をパラメータとする関数であり，たとえば，例題8.1に示した手順で求めることができる．しかし，必要なことは，所定の故障率で所定の合格率を満足するように合否判定することであり，n も c も未定の場合には，そのOC曲線を求めることはできない．この条件を勘案するなら，ロット合格と判定するための n と c の組合せは多数あるが，その中で最適な解は，片側推定（3.2.7項参照）の考え方を用いて，

① $\lambda = \lambda_1$ となる結果：信頼水準 $1-\beta$ でロット不合格（信頼水準 β でロット合格）

② $\lambda = \lambda_0$ となる結果：信頼水準 $1-\alpha$ でロット合格（信頼水準 α でロット不合格）

という2条件を与えて決定し，対応するOC曲線を求める方法が考えられる．もちろん，n または c 値の一方を既定値とする場合には，1つの条件で十分である．

ここで，信頼水準 $1-\alpha$ は，故障率 λ_0 または寿命 θ_0 の合格水準のロットでも，100α％は不合格になり，生産者に損害をもたらすという意味があるので，この有意水準 α を，**生産者危険**とよんでいる．一方，信頼水準 $1-\beta$ は，故障率 λ_1 以上ないしは寿命 θ_1 以下の望ましくない不合格水準のロットが，100β％の確率で合格となり，ユーザーに損害をもたらすという意味があるので，有意水準 β を**消費者危険**とよんでいる．この関係は，図8.5のように示される．

(2) 判別比

OC曲線の性能を規定する値が，**判別比**という合格とすることができる最悪の信頼性特性値の限界値と，なるべく不合格としたい信頼性特性値との比，たとえば，p_1/p_0，

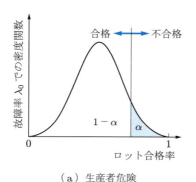
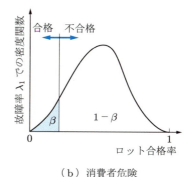

(a) 生産者危険　　　　　　　　(b) 消費者危険

図 8.5　生産者危険 α と消費者危険 β の概念

λ_1/λ_0 および θ_0/θ_1 など合格水準と不合格水準の比である．抜取試験においては，α と β が小さくかつ判別比が小さく，OC 曲線の傾斜が急であるほど，サンプル数が多く，合格判定個数が少なくなるので，良ロットと不良ロットを識別する能力が高くなり，誤判定の確率が低くなる．そのような図 8.3 と図 8.4 中に ABCD で表す危険性がゼロに近い OC 曲線とするためには，サンプル数を多くしたり，試験時間を長くすることが必要となるので，コストを含むこれらの条件を総合的に考慮し，適切な抜取方式および試験条件を決定することになる．

なお，図 8.3 の故障率を尺度とする OC 曲線の場合には，λ_0 と λ_1 を，それぞれ，

λ_0：**合格信頼性水準**（**ARL**：acceptable reliability level）または**合格故障率**（**AFR**：acceptable failure rate）

λ_1：**ロット許容故障率**（**LTFR**：lot tolerance failure rate）

とよんでいる．これに対し，図 8.4 の寿命を尺度とする OC 曲線の場合には，θ_0 と θ_1 を，それぞれ，次のようによんでいる．

θ_0：**規定寿命**（**AML**：acceptable mean life）

θ_1：**ロット許容寿命**（**LTML**：lot tolerance mean life）

(3) 代表値

信頼水準 α や β は 10 % 前後，判別比は 1.5〜4 程度の値が適用されている．しかし，故障率が非常に低い高信頼アイテムでは，実施不可能なほど長い総試験時間が必要となるので，$\beta = 40$ % とする方式や，加速試験（9.1.3 項参照）を併用せざるを得なくなる．このような手段は，経済的に容認される，ある程度の統計的変動による確率 α と β の危険を許容する方式である．なお，実施可能な範囲での判定では，必然的に α や β の確率的危険がともなうので，これらの危険率が十分小さくなることを考慮して，抜取試験の判定基準を定めなければならない．

8.3　抜取試験方式

■ 8.3.1 ■ 計数 1 回抜取方式

計数 1 回抜取方式は，1 回だけの抜取試験によって，故障数のような計数値を測定して，ロットの信頼性の合否を判定する抜取方式である．一般に大量生産品では，ロットの大きさ N は大きく，不良率 p のようなパラメータは小さいのが普通である．そのため，式 (8.3) のロット合格率について，たとえば，合格水準として**規定不良率**（**AQL**：acceptable quality level）p_0，不合格水準として**ロット許容不良率**（**LTPD**：lot tolerance percent defective）p_1 を用いる場合には，図 8.5 より，

$$L(p_0) \geq 1 - \alpha \tag{8.5}$$

$$L(p_1) \leq \beta \tag{8.6}$$

となるように，サンプル数 n と合格判定個数 c を定める．これを解くため，式 (8.4) の関係に，式 (8.5) と式 (8.6) を適用した，

$$2np_0 \leq \chi^2_{1-\alpha}(2(c+1)) \tag{8.7}$$

$$2np_1 \geq \chi^2_{\beta}(2(c+1)) \tag{8.8}$$

の関係式で n を消去すると，次の判別比の関係を得ることができる．

$$\frac{p_1}{p_0} \geq \frac{\chi^2_{\beta}(2(c+1))}{\chi^2_{1-\alpha}(2(c+1))} \tag{8.9}$$

いま，α，β，p_0，p_1 は既定値であるので，式 (8.9) の関係より最初に未知数の合格判定個数 c を決定でき，次に，式 (8.7) と式 (8.8) の関係を満足するように，サンプル数 n を求めることができる．残念ながら，式 (8.9) から c 値の解析解を得ることはできないので，式 (8.9) の右辺の値が正整数 c の減少関数であるという性質を利用して c の値を求めることになる．c の最適値は，抜取試験の意義を考慮すれば，判別比 p_1/p_0 が式 (8.9) の関係を満足する最小値である．

ところで，消費者にとって生産者危険 α は何ら意味をもたず無用なものである．この考えに従うなら，消費者危険 β だけを規定して抜取試験に必要な条件を求めれば十分といえる．8.2.2 項で述べた条件 ① のみを適用する場合がこれに相当し，不合格水準の p_1，λ_1 または θ_1 を用いて，品質を検定することになる．このときには，所定の合格判定個数 c をあらかじめ設定し，これを満足するように，式 (8.8) からサンプル数 n を定める，あるいは逆に，あらかじめ設定した n 値に対する c 値を定めるという手段を採用する．

例題 8.2

あるアイテムのロットについて，計数 1 回抜取方式の試験を行うにあたり，合格水準 $p_0 = 0.01$，生産者危険 $\alpha = 0.01$，不合格水準 $p_1 = 0.05$，消費者危険 $\beta = 0.01$ と設定した．この試験の，サンプル数 n と合格判定個数 c を求めよ．

[解] 判別比 $p_1/p_0 = 5$ であるから，式 (8.9) で $5 \geq \chi_{0.01}^2(2(c+1))/\chi_{0.99}^2(2(c+1))$ を満足する最小正整数の c 値を求める．付表 4 に示す χ^2 分布表より $c = 0, 1, 2, \cdots$ について，

$$c = 0 : \chi_{0.01}^2(2)/\chi_{0.99}^2(2) = 9.21034/0.02010 = 458.22\cdots$$
$$c = 1 : \chi_{0.01}^2(4)/\chi_{0.99}^2(4) = 13.2767/0.29711 = 44.686\cdots$$
$$\vdots$$
$$c = 7 : \chi_{0.01}^2(16)/\chi_{0.99}^2(16) = 31.9999/5.81221 = 5.5056\cdots$$
$$c = 8 : \chi_{0.01}^2(18)/\chi_{0.99}^2(18) = 34.8053/7.01491 = 4.9616\cdots$$

となるので，$c = 8$ 以上のとき，判別比 $p_1/p_0 = 5 \geq \chi_{0.01}^2(2(c+1))/\chi_{0.99}^2(2(c+1))$ の条件を満足する．それゆえ，最適値の合格判定個数は $c = 8$ である．このとき，式 (8.8) より，$2np_1 \geq \chi_{0.01}^2(18) = 34.8053$ であり，n が整数という条件を考慮すると，$n = 349$ となる．

ゆえに，349 個のサンプルを抜き取って試験し，その中の不良品が 8 個以下であれば，このロットを合格と判定することができる．

この計算結果を示したのが図 8.6 であり，破線以下は式 (8.7) の関係，実線以上は式 (8.8) の関係を満足する n の値，青色部分が解となり得る領域を示している．判別比が変われば，サンプル数と合格判定個数も変化し，α や β の値が変わればプロット点の位置も変化する．

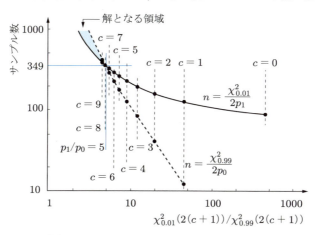

図 8.6　合格判定個数 c とサンプル数 n の関係

■ 8.3.2 ■ 指数分布型計数1回抜取方式

寿命（故障発生までの時間）の分布が指数分布に従うとき，ある総試験時間まで試験し，故障数が規定の合格判定個数より少なければロットを合格，多ければ不合格と判定する方式を，指数分布型計数1回抜取方式という．

いま，サンプル数を n，試験時間を t，合格判定個数を c，合格故障率を λ_0，ロット許容故障率を λ_1，生産者危険を α，消費者危険を β，ロットの信頼度を $R(t)$ とするとき，このロット合格率は，式 (8.2) より，次式の条件で与えられる．

$$L(\lambda_0) = \sum_{x=0}^{c} \binom{n}{x} \{1 - R_0(t)\}^x \{R_0(t)\}^{n-x} \geqq 1 - \alpha \tag{8.10}$$

$$L(\lambda_1) = \sum_{x=0}^{c} \binom{n}{x} \{1 - R_1(t)\}^x \{R_1(t)\}^{n-x} \leqq \beta \tag{8.11}$$

信頼度は指数分布に従うので，$R_0(t) = \exp(-\lambda_0 t)$，$R_1(t) = \exp(-\lambda_1 t)$ であり，$\lambda_0 t$，$\lambda_1 t$ が小さいとき，ポアソン近似すれば，式 (8.2) と式 (8.3) の関係と同様に，

$$L(\lambda_0) = \sum_{x=0}^{c} \frac{(\lambda_0 nt)^x}{x!} \exp(-\lambda_0 nt) \geqq 1 - \alpha \tag{8.12}$$

$$L(\lambda_1) = \sum_{x=0}^{c} \frac{(\lambda_1 nt)^x}{x!} \exp(-\lambda_1 nt) \leqq \beta \tag{8.13}$$

と表すことができる．さらに，式 (8.3) と式 (8.4) の χ^2 分布の確率密度関数の関係を式 (8.12) と式 (8.13) の関係に適用すると，それぞれ，

$$2nt\lambda_0 \leqq \chi^2_{1-\alpha}(2(c+1)) \tag{8.14}$$

$$2nt\lambda_1 \geqq \chi^2_{\beta}(2(c+1)) \tag{8.15}$$

となり，次の判別比の関係を得る．

$$\frac{\lambda_1}{\lambda_0} \geqq \frac{\chi^2_{\beta}(2(c+1))}{\chi^2_{1-\alpha}(2(c+1))} \tag{8.16}$$

式 (8.14)〜(8.16) は，前述の計数1回抜取方式で求めた式 (8.7)〜(8.9) において，不良率 p を λt で置換した結果と同一である．

この指数分布型計数1回抜取方式の複雑さは，前述の計数1回抜取方式より1個多い3個の未知数，c, n, t があることであり，少なくとも1個の未知数を規定値とした場合にのみ，他の未知数を定めることができる．なお，抜取試験において故障したサンプルを取り替えない一般的な取替なし方式では，試験時間 t と合格判定個数 c の

2 個を最初に規定し，サンプル数 n を決定する方式が採用されている．

> **例題 8.3** 故障分布が指数分布に従うある部品を 24 時間耐久レースで使用するとき，24 時間で少なくとも信頼度 99 ％になることを 90 ％の確かさで保証したい．$t = 24$ 時間の寿命試験に必要なサンプル数を求めよ．ただし，合格判定個数 $c = 0$ とする．
>
> [解] 信頼水準 90 ％は $1 - \beta = 0.9$ であるから，$\beta = 0.1$．また，指数分布で $t = 24$ 時間で信頼度 $R(t) \geqq 99$ ％だから，ロット許容故障率 λ_1 は，式 (4.12) より，
>
> $$\lambda_1 = -\frac{1}{t} \ln R(t) = -\frac{1}{24} \ln 0.99 = 4.1876 \cdots \times 10^{-4} \text{ /時間}$$
>
> となる．ここで，$c = 0$ のとき，$\chi^2_{0.1}(2) = 4.60517$ なので，サンプル数 n は，式 (8.15) より，
>
> $$n \geqq 4.60517/(2 \times 24 \times 4.1876 \cdots \times 10^{-4}) = 229.10 \cdots$$
>
> したがって，寿命試験に必要なサンプル数は，230 個

■ 8.3.3 ■ 計量 1 回抜取方式

通常の計量 1 回抜取方式では，中途打切り試験（3.3.1 項参照）で観測した故障もしくは破壊に至るまでの時間（寿命：計量データ）から，平均寿命（MTBF，MTTF など）を算出し，これをあらかじめ定めておいた平均寿命値と比較して，ロットの合否を判定する．その総試験時間 T は，故障を生じた際のサンプル取替なし方式の場合には式 (3.14)，取替あり方式では式 (3.15) となる．いずれの方式の場合にも，平均寿命 θ の期待値 $\overline{\theta}$ は，式 (3.16) と式 (4.17) の関係より，

$$\overline{\theta} = \frac{T}{r} \tag{8.17}$$

で与えられる．ただし，r はこの間に観測される故障数（定数打切り方式の場合は打切り個数）である．

ところで，平均寿命の期待値 $\overline{\theta}$ は試験ごとに変化するが，

$$2r\frac{\overline{\theta}}{\theta} = 2\frac{T}{\theta} = 2\lambda T \tag{8.18}$$

は，自由度 $2r$ の χ^2 分布に従うことが示されている．したがって，合格平均寿命を θ_0 とするとき，このロットは信頼水準 $1 - \alpha$ で合格するので，その判定条件は，

$$2r\frac{\overline{\theta}}{\theta_0} \leqq \chi^2_{1-\alpha}(2r) \tag{8.19}$$

となる．一方，不合格平均寿命 θ_1 における消費者危険 β を満たす条件は，

$$2r\frac{\overline{\theta}}{\theta_1} \geqq \chi^2_{\beta}(2r) \tag{8.20}$$

と表せる．この式 (8.19) と式 (8.20) より，次の判別比の関係を得る．

$$\frac{\theta_0}{\theta_1} \geqq \frac{\chi_\beta^2(2r)}{\chi_{1-\alpha}^2(2r)} \tag{8.21}$$

ここで，打切り個数 r は，θ_0, θ_1, α, β が与えられているとき，抜取試験であるから，式 (8.21) が満足する最小整数値となる．合格判定個数の r が定まれば，式 (8.20) の関係から，最適値（下限値）としてのサンプルの平均寿命 $\overline{\theta}$ を求めることができる．しかし，サンプル数 n は未知である．このサンプル数は，総試験時間と試験コストを勘案して決定される．

例題 8.4

あるアイテムのロットについて計量 1 回抜取方式の試験を行うに際して，規定寿命 $\theta_0 = 1000$ 時間，ロット許容寿命 $\theta_1 = 400$ 時間，生産者危険 $\alpha = 0.05$，消費者危険 $\beta = 0.1$ と設定した．このとき，所定のサンプルの平均寿命 $\overline{\theta}$ と定数打切り個数（合格判定個数）r を求めよ．

[解] 判別比 $\theta_0/\theta_1 = 2.5$ であるから，式 (8.21) で $2.5 \geqq \chi_{0.1}^2(2r)/\chi_{0.95}^2(2r)$ を満足する最小整数の r 値を求める．付表 4 の χ^2 分布表より $r = 1, 2, \cdots$ について，

$$r = 1 : \chi_{0.1}^2(2)/\chi_{0.95}^2(2) = 4.60517/0.102587 = 44.890\cdots$$
$$r = 2 : \chi_{0.1}^2(4)/\chi_{0.95}^2(4) = 7.77944/0.710723 = 10.954\cdots$$
$$\vdots$$
$$r = 10 : \chi_{0.1}^2(20)/\chi_{0.95}^2(20) = 28.4120/10.8508 = 2.6184\cdots$$
$$r = 11 : \chi_{0.1}^2(22)/\chi_{0.95}^2(22) = 30.8133/12.3380 = 2.4974\cdots$$

となるので，$r = 11$ 以上のとき，判別比 $\theta_0/\theta_1 = 2.5 \geqq \chi_{0.1}^2(2r)/\chi_{0.95}^2(2r)$ の条件を満足する．それゆえ，最適値の合格判定個数は $r = 11$ である．このとき，式 (8.20) より，$2r\overline{\theta}/\theta_1 \geqq \chi_{0.1}^2(22) = 30.8133$ であり，

$$\overline{\theta} \geqq 30.8133 \times 400/22 = 560.24\cdots$$

となる．ゆえに，このロットを合格と判定できる条件は，打切り個数が 11 個で，平均寿命が 560.25 時間以上．

■ 8.3.4 ■ 計数逐次抜取方式

生産量の少ない高価なアイテムや加速試験が適用できないアイテムの抜取試験に適している方式が，ワルド（A.Wald）の確率比による**逐次確率比検定**の原理にもとづく計数逐次抜取方式である．サンプル数をあらかじめ決めずに，個々のサンプルの試験データを累積し，予定した総試験時間に達したときの故障数を参照して合否判定を下

す方式である．判定できないときには，判定を保留し，さらなる総試験時間を蓄積した後，次の合否判定を行う．この手順は，取り扱いが面倒な反面，効率がよい方式となっている．

この判定手続きでは，最初に故障発生の確率関数が式 (4.10) のポアソン分布に従うものとして，総試験時間 T の寿命試験において故障が x 回生じる確率を求める．このとき，ロット許容故障率 λ_1 における故障発生確率 $P(\lambda_1)$ および合格故障率 λ_0 における故障発生確率 $P(\lambda_0)$ が，それぞれ次式で与えられる．

$$P(\lambda_1) = \frac{(\lambda_1 T)^x}{x!} \exp(-\lambda_1 T) \tag{8.22}$$

$$P(\lambda_0) = \frac{(\lambda_0 T)^x}{x!} \exp(-\lambda_0 T) \tag{8.23}$$

図 8.7 は，故障回数 x における式 (8.22) と式 (8.23) のポアソン分布を総試験時間の関数として，その概略を表した図である．次に，その故障発生確率の比，

$$\frac{P(\lambda_1)}{P(\lambda_0)} = \left(\frac{\lambda_1}{\lambda_0}\right)^x \exp\{-(\lambda_1 - \lambda_0)T\} \tag{8.24}$$

に対して，合否判定基準を設定する．その判定基準は，図 8.7 に併せ示すように設定されている生産者危険 α，消費者危険 β と合格水準，不合格水準に関する比とする考え方にもとづき，

① $\dfrac{P(\lambda_1)}{P(\lambda_0)} \leqq \dfrac{\beta}{1-\alpha}$ ならば，合格

② $\dfrac{P(\lambda_1)}{P(\lambda_0)} \geqq \dfrac{1-\beta}{\alpha}$ ならば，不合格

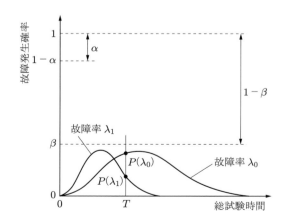

図 8.7　ポアソン分布による合否判定基準 ($\lambda_0 < \lambda_1$)

③ $\dfrac{\beta}{1-\alpha} < \dfrac{P(\lambda_1)}{P(\lambda_0)} < \dfrac{1-\beta}{\alpha}$ ならば，試験継続

と定めている．このような，ある総試験時間 T の寿命試験における $P(\lambda_0)$ と $P(\lambda_1)$ の比を判定基準として，予定総試験時間ごとに，試験結果の合否判定を行うという方式が，計数逐次抜取方式である．

式 (8.24) を用いて判定基準を書きなおすと，総試験時間 T の合格領域は，

$$T \geqq \dfrac{1}{\lambda_1 - \lambda_0}\left(x \ln\dfrac{\lambda_1}{\lambda_0} + \ln\dfrac{1-\alpha}{\beta}\right) \tag{8.25}$$

となり，不合格領域は，

$$T \leqq \dfrac{1}{\lambda_1 - \lambda_0}\left(x \ln\dfrac{\lambda_1}{\lambda_0} - \ln\dfrac{1-\beta}{\alpha}\right) \tag{8.26}$$

となる．さらに，取り扱いを簡単にするため，

$$S = \dfrac{1}{\lambda_1 - \lambda_0} \ln\dfrac{\lambda_1}{\lambda_0} \tag{8.27}$$

$$h_a = \dfrac{1}{\lambda_1 - \lambda_0} \ln\dfrac{1-\alpha}{\beta} \tag{8.28}$$

$$h_r = \dfrac{1}{\lambda_1 - \lambda_0} \ln\dfrac{1-\beta}{\alpha} \tag{8.29}$$

とおいて，合格線，不合格線をそれぞれ

合格線： $T_a = Sx + h_a$ (8.30)

不合格線： $T_r = Sx - h_r$ (8.31)

と表記する．この合格線と不合格線を用いて，故障数と総試験時間との関係から，試験結果の合否判定を下すことができる．

例題 8.5 あるアイテムは，15 時間の動作時間で少なくとも 95 % の信頼度をもつことが要求されている．生産者危険 $\alpha = 0.1$，消費者危険 $\beta = 0.1$，判別比 $\lambda_1/\lambda_0 = 2$ となるように，計数逐次抜取方式における合否判定線を設定せよ．

[解] 動作時間 15 時間で少なくとも信頼度 95 % だから，不信頼度 5 % でロット許容故障率 $\lambda_1 = 0.05/15 = 0.00333\cdots$ /時間 であり，合格故障率 $\lambda_0 = \lambda_1/2 = 0.00166\cdots$ /時間 である．ゆえに，式 (8.27)～(8.29) より，$S \fallingdotseq 416$，$h_a = h_r \fallingdotseq 1318$ となるので，

合格線： $T_a = 416x + 1318$

不合格線： $T_r = 416x - 1318$

図 8.8 は，その関係を表している．

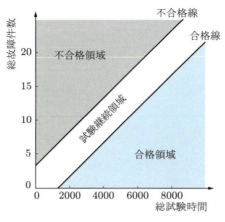

図 8.8　計数逐次抜取方式の合否判定基準

■ 8.3.5 ■ 計量逐次抜取方式

　計量型の逐次抜取方式も，サンプル数をあらかじめ決めることなく，サンプル個々のデータを積算しながら試験を行い，予定した総試験時間に達したときの故障数を確認し，合否の判定を下す方式である．そのとき，計数型の場合と同様に，故障発生の密度分布がポアソン分布に従うものとしているが，故障率 λ を式 (4.17) の関係にもとづき寿命の逆数 $1/\theta$ と置換している．これから，ロット許容寿命 θ_1 における故障発生確率 $P(\theta_1)$ と，規定寿命 θ_0 における故障発生確率 $P(\theta_0)$ の比を求め，合否判定基準として利用する方式である．

　いま，総試験時間 T の寿命試験において，故障が x 回起こる確率は，式 (8.22), (8.23) において $\lambda = 1/\theta$ の関係を代入すれば，それぞれ，

$$P(\theta_1) = \frac{(T/\theta_1)^x}{x!} \exp\left(-\frac{T}{\theta_1}\right) \tag{8.32}$$

$$P(\theta_0) = \frac{(T/\theta_0)^x}{x!} \exp\left(-\frac{T}{\theta_0}\right) \tag{8.33}$$

と与えられる．次に，これから求まる比，

$$\frac{P(\theta_1)}{P(\theta_0)} = \left(\frac{\theta_0}{\theta_1}\right)^x \exp\left\{-\left(\frac{1}{\theta_1} - \frac{1}{\theta_0}\right)T\right\} \tag{8.34}$$

を取り上げ，この比を考慮して試験結果の合否判定を行う．その判定基準は計数逐次抜取方式の場合と同一であり，合格領域と不合格領域を，それぞれ，

$$T \geqq \frac{\theta_0 \theta_1}{\theta_0 - \theta_1}\left(x \ln \frac{\theta_0}{\theta_1} + \ln \frac{1-\alpha}{\beta}\right) \tag{8.35}$$

$$T \leqq \frac{\theta_0 \theta_1}{\theta_0 - \theta_1} \left(x \ln \frac{\theta_0}{\theta_1} - \ln \frac{1-\beta}{\alpha} \right) \tag{8.36}$$

と設定する．式 (8.30) と式 (8.31) の合格線，不合格線の S, h_a, h_r は，それぞれ

$$S = \frac{\theta_0 \theta_1}{\theta_0 - \theta_1} \ln \frac{\theta_0}{\theta_1} \tag{8.37}$$

$$h_a = \frac{\theta_0 \theta_1}{\theta_0 - \theta_1} \ln \frac{1-\alpha}{\beta} \tag{8.38}$$

$$h_r = \frac{\theta_0 \theta_1}{\theta_0 - \theta_1} \ln \frac{1-\beta}{\alpha} \tag{8.39}$$

となる．

例題 8.6 MTBF が 1500 時間のものは 95 ％合格，500 時間のものは 90 ％不合格とする逐次抜取方式の試験計画を立てよ．

[解] OC 曲線に当てはめて考えると，生産者危険 $\alpha = 0.05$，消費者危険 $\beta = 0.10$ であり，規定寿命 $\theta_0 = 1500$ 時間，ロット許容寿命 $\theta_1 = 500$ 時間である．したがって，式 (8.37)〜(8.39) の関係を用いて，

$$S = \frac{1500 \times 500}{1500 - 500} \ln \frac{1500}{500} = 823.959 \cdots \fallingdotseq 824$$

$$h_a = \frac{1500 \times 500}{1500 - 500} \ln \frac{1-0.05}{0.1} = 1688.46 \cdots \fallingdotseq 1688$$

$$h_r = \frac{1500 \times 500}{1500 - 500} \ln \frac{1-0.1}{0.05} = 2167.77 \cdots \fallingdotseq 2168$$

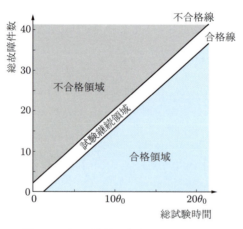

図 8.9　計量逐次抜取方式の合否判定基準

を得る.ゆえに,θ_0 に対する比率として,式 (8.30), (8.31) を表すと,

$$\text{合格線：} \frac{T_a}{\theta_0} = \frac{824}{\theta_0}x + \frac{1688}{\theta_0} = 0.549\,x + 1.125$$

$$\text{不合格線：} \frac{T_r}{\theta_0} = \frac{824}{\theta_0}x - \frac{2168}{\theta_0} = 0.549\,x - 1.445$$

図 8.9 は,この結果を図示している.

演習問題 8

8.1 あるアイテムの大きさ $N = 1000$ のロットについて,サンプル数 $n = 20$,合格判定個数 $c = 1$ の抜取試験を計画した.不良率 $p = 2\%$ であるとき,ロット合格率 $L(p)$ を,式 (8.1)〜(8.4) について求め,計算で生じる誤差の大きさについて考察せよ.

8.2 信頼水準 90 % で,故障率が規定の最大故障率 $\lambda_1 = 5\%/10^3$ 時間より小さいことを,500 時間の寿命試験で保証する指数分布型計数 1 回抜取方式の試験計画を立てよ.ただし,合格判定個数 $c = 2$,有意水準 $\alpha = 5\%$ とする.

8.3 MTBF が 1500 時間のものは 95 % 合格,500 時間のものは 90 % 不合格とする 1 回抜取方式の試験計画において,所定の総試験時間 T と合格判定個数 r を求めよ.

8.4 故障分布が指数分布に従う部品に対して 10^3 時間で少なくとも信頼度 99 % になることを,信頼水準 90 % で保証したい.$t = 500$ 時間の試験でこれを保証するのに必要なサンプル数 n を求めよ.ただし,合格判定個数は,$c = 0$ および $c = 1$ の 2 通りとする.

8.5 指数分布に従うある部品を合格判定個数 $c = 0$,消費者危険 $\beta = 0.05$ という条件で,ロット許容故障率 $\lambda_1 = 1\%/10^3$ 時間の保証をしたい.試験サンプル費は,1 個当たり 70 円であり,試験実施コストは 10^3 時間当たり 20 万円である.試験時間 $t = 10^2$ 時間の試験と,$t = 10^3$ 時間の試験の優劣を比較せよ.

8.6 消費者危険 $\beta = 10\%$,生産者危険 $\alpha = 5\%$ として,合格信頼性水準 $\lambda_0 = 10^{-6}$/時間,ロット許容故障率 $\lambda_1 = 5 \times 10^{-6}$/時間のときの,逐次抜取方式の試験計画を立てよ.

8.7 20 台のアイテムを 250 時間の寿命試験をしたところ,150 時間と 200 時間で各 1 台故障した.規定寿命 $\theta_0 = 300$ 時間,ロット許容寿命 $\theta_1 = 250$ 時間,生産者危険 $\alpha = 0.05$,消費者危険 $\beta = 0.10$ とするとき,(1) この結果は合格と判定できるか否か,(2) 最短の試験時間,を示せ.

第9章 信頼性物理と構造信頼性

信頼性を決定する故障の背後にある現象を，物理化学的観点から原因の解明をめざすのが信頼性物理であり，故障防止の観点からストレスに対する信頼性を検討するのが構造信頼性である．故障現象の解明および寿命分布を固有技術と結び付けるモデルに関する知識は，両者に共通の事項といえる．ここでは，9.1節で信頼性物理の役割と利用指針を説明し，9.2節で寿命とストレスの因果関係についての理論的裏付けを示し，9.3節で構造信頼性の評価指針の取り扱いについて述べる．

9.1 信頼性物理の目標と役割

信頼性工学を支える基盤となる技術は，信頼性物理および故障物理である．その枠組みを図9.1に示す．

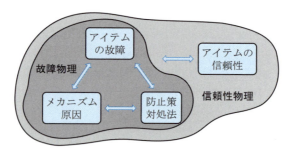

図9.1 故障物理と信頼性物理の概念

信頼性物理の目的は，アイテムの故障に関する現象，とくにエネルギーと故障の関係および生じた現象を支配している法則の解析である．原子的，分子的なレベルで生じる材料劣化の過程と，アイテム特性値の変化を結びつけることによって，アイテムを構成している要素および材料に起因して生じる，故障のメカニズムと分布関数との関係の理解増進をはかっている．さらには，その知識を構成要素や材質の改善のみならず，アイテム全体の信頼性の改善に役立てることをめざしている．

■ 9.1.1 ■ 故障物理

故障物理の目的は，図9.1に示すような枠組みの中で，故障のメカニズム，故障の原因および故障を引き起こす要因を科学的に解明し，新しい信頼性試験方法の開発，故

障の再発防止ならびに未然防止対策を講じるための，体系的な調査研究活動の実施である．

ここで，科学的に故障発生という現象を明らかにするために重要な観点は，
① 故障検出とそのメカニズムの確認
② 故障対処法の検討とアイテムの信頼度改善
③ 物理的，化学的，数学的故障モデルによるアイテムの信頼度予測
④ 寿命の非破壊的予測，良品選別のスクリーニング技術の確立
⑤ 加速試験などの信頼性試験法の開発

といった，広義の信頼性獲得に直結する技術の向上をめざすということである．

これらの活動を通して，評価方法の技術的検討および信頼性設計の改善が行われ，さらなる信頼性獲得を期することができる．そこでは，信頼性管理という考え方から，つねに図9.2に示すフィードバックを考慮したプロセスを通して，固体物理や材料科学，さらには設計に関連する固有技術の知識や経験を取り入れ，総合的な科学技術の進歩の成果として，信頼性向上をめざしている．

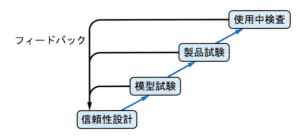

図 9.2　信頼性管理のあり方

■ 9.1.2 ■ 信頼性試験

(1) 手 順

モデルや実機を使用した信頼性試験においては，ユーザーが使用しているときに発生するであろう問題点を，メーカー内であらかじめ確認することや，設計の限界を明らかにする情報の収集が，重要な課題となる．そこでは，信頼性を評価し確保するための手段として，アイテムの故障分布と分布関数に含まれる母数を解析する統計的手法が，大きな役割を果たしている．また，信頼度が，1.2.2項で述べたように，対象とするアイテムの明確化，機能，故障の定義，時間条件，使用条件，環境条件などの要因に関連して，基準が違えば異なる傾向を示すので，これらについても的確に規定する必要がある．図9.3は，そのような評価基準を確認したうえで行われる代表的な信頼性試験の手順である．

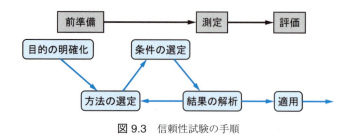

図 9.3　信頼性試験の手順

(2) 種類

アイテムの**信頼性特性値**を把握し評価するための信頼性試験には，**信頼性適合試験**と**信頼性決定試験**があり，JIS Z 8115 においてその目的が分類されている．前者では，規定の信頼性要求に合致しているか否かを判定し，後者では，信頼性特性値を決定する．ここで取り上げる信頼性試験は，主として信頼性適合試験であり，その実施段階に至る分類は多岐にわたる．たとえば，試験場所または開発の段階から考えると，

① **試験室試験**：試験室で実際に使用したときの条件を模擬または規定の動作および環境条件で行う試験
② **フィールド試験（現地試験）**：実使用状態でアイテムの動作・環境・保全・観測の条件を記録して行う試験

に大別される．また，アイテムに対するストレスの影響を評価する方法によっては，

① **限界試験**：使用できなくなるストレス条件を確かめるために行う試験
② **耐久性試験**：定ストレスの連続的負荷時間，繰返し負荷回数の影響を確かめるため，ある期間にわたって行う試験
③ **加速試験**：ストレスの影響を限られた時間内で評価するため，基準条件値を超える負荷条件で行う試験
④ **ステップストレス試験**：ある一定条件ごと，階段的に負荷ストレスの厳しさを増加させて行う試験

などに分類されている．

(3) 結果の応用

アイテムに関するいろいろな信頼性特性値は，こういった信頼性試験を通して，規定の期間，規定の条件下で測定される．なお，信頼性試験において，とくに重要視されているのは，アイテムの耐え得るストレスの限界を，信頼性改善のために把握することである．その結果をアイテムの**ディレーティング**に応用して**ストレス比**を軽減し，信頼性の向上をはかっている．ここでいうストレス比とは，アイテムに作用するストレスを，その最大規定値（限界値）で割った値のことである．

9.1.3 加速試験

(1) 概　要

　一般に，統計的手法だけで実際の信頼性の問題を解決しようとすると，非常に大きなサンプルサイズが必要になる．昨今の高品質のアイテムにおいてこれを実現することは，経費あるいは時間の制約からきわめて困難である．

　たとえば，2 万個の部品（小型乗用車の標準的な部品数）からなるアイテムが，使用開始 1 年後に 99 ％の信頼度をもつように要求されているなら，必要な平均故障率は，$\lambda \simeq 6 \times 10^{-11}$ /時間ということになる．大雑把に，2 万個のうち 1 ％に当たる 200 個の部品の故障が，アイテムの全機能喪失故障に結びつくとき，この部品の故障率を 90 ％の確かさで確かめようとすると，式 (8.15) において合格判定個数 $c = 0$ の問題となる．このとき，$\chi^2_{0.1}(2) = 4.606$ であるので，試験時間 $t \simeq 3.84 \times 10^6$ 時間 $\simeq 438$ 年となり，とても実現することが不可能な数字である．

　この困難さを克服するためには，何らかの加速試験の実施が要望されるが，適切な加速試験を行うには，故障という現象を理論的に説明し得る物理化学的なバックグラウンドが必要である．

(2) 加速係数

　加速試験は，信頼性を実証するための試験が一般に長時間を要するという不都合を克服するため，実際の使用条件よりも試験条件を厳しくすることにより，短い試験時間で同じ結果を求めようとする試験方法である．図 9.4 に，その概念を示す．試験結果の評価は，基準条件で行った試験と加速試験の間の同じ規定の故障数または劣化件数を得るために必要な期間，あるいは故障率の比である**加速係数**を用いて行う．代表的な加速係数は，次のように規定されている．

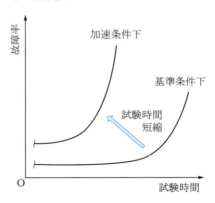

図 9.4　加速試験の概念

① **時間加速係数** = 基準条件での時間 ÷ 加速条件での時間
② **故障強度加速係数** = 加速条件での故障強度 ÷ 基準条件での故障強度
③ **故障率加速係数** = 加速条件での故障率 ÷ 基準条件での故障率

一方，加速試験における加速手段には，
① ストレスを厳しくして劣化を強制的に促進させる方法
② ストレスや負荷の間欠動作の繰返し数を増したり，連続的動作にして時間的加速をはかる方法
③ 特性値の故障判定基準を実際より厳しいところに設置して短時間で故障判定する方法

などがある．実際には，これらの加速方法をいくつか組み合わせ，加速係数を大きくする方法を選択している．ただし，適切な評価を実行するためには，加速条件と使用条件との間に故障の様式，故障発生部位および故障メカニズム等に変化がないこと，さらには，試験条件と故障（寿命）の関係を定量的に把握し，その妥当性を保証する理論を明確にしておく必要がある．

9.2 寿命（故障）とストレスの関係

信頼性の予測，設計および試験に応用できる代表的な故障モデルおよび経験則には，アレニウスモデル，アイリングモデル，マイナー則などがある．これらのモデルの多くは，故障という現象が速度過程に従うという概念に発しているので，アイテムに生じる故障や破壊を熱活性化過程と関連づけて説明することができる．故障に関係している材料の拡散，腐食，蒸発などの物理化学的反応，材料の変形や破壊において重要な役割を果たしている転位の運動，き裂やボイドの核生成などは，速度過程に従う現象である．

■ 9.2.1 ■ アレニウスモデル

1889年にアレニウス (S.Arrhenius) によって提案されたモデルは，材料のミクロレベルでの物理化学的変化に関連する酸化，腐食，転位などの反応速度を表す反応速度定数 κ と絶対温度 T との間に成立する，次の関係式である．

$$\kappa = C \exp\left(-\frac{U}{kT}\right) \tag{9.1}$$

アレニウスモデルとよばれるこの式において，k はボルツマン定数，U は反応の活性化エネルギー，C は比例定数である．

(1) 劣化パターン

アイテムの故障（寿命）と直結する特性値の時間的劣化傾向を表す**劣化**パターンは，対象物，劣化メカニズムに依存して異なった形を示すことが知られている．しかし，使用環境，あるいは使用条件が決まると，劣化を律速する故障メカニズムは単一となることが多く，このような場合には，劣化パターンも比較的簡単な関係式で表せる．たとえば，ある下位アイテムの劣化の特性値 κ の経時変化がアレニウスモデルに従い，一定速度である場合には，式 (9.1) で反応速度を $d\kappa/dt$ とおいて，次式で書き表すことができる．

$$\frac{d\kappa}{dt} = C \exp\left(-\frac{U}{kT}\right) \tag{9.2}$$

このとき，下位アイテムの寿命 θ を，初期特性値 κ_0 が故障レベルの臨界値 κ_F を超えるまでの時間と考えると，式 (9.2) から，

$$\int_{\kappa_0}^{\kappa_F} d\kappa = \int_0^\theta C \exp\left(-\frac{U}{kT}\right) dt$$

の関係が得られ，寿命 θ は次のようになる．

$$\theta = \frac{\kappa_F - \kappa_0}{C} \exp\left(\frac{U}{kT}\right) \tag{9.3}$$

ここで，アイテムを構成している材料のミクロレベルの構造には，普通何らかのばらつきがあるので，欠陥構造にもばらつきを生じ，これが反応の活性化エネルギー U のばらつきとして表れる．この U のばらつきが寿命 θ のばらつきとなるが，たとえば，U のばらつきが正規分布に従うときには，式 (9.3) で表す θ は対数正規分布に従うという結果が導き出されている．さらに，κ_0，κ_F も製造条件，使用条件，故障測定条件などにより変動する値であるので，U，κ_0，κ_F などの特性値を確率変数とみなすとき，それらの劣化パターンを利用して，寿命分布の推定が可能となる．

(2) 加速係数

一方，式 (9.1) において $B = U/k$ を定数とおいて対数をとると，次式を得る．

$$\ln \kappa = \ln C - \frac{B}{T} = C_0 - \frac{B}{T} \tag{9.4}$$

ここで，$C_0 = \ln C$ は定数であり，式 (9.4) は，図 9.5 に示すように，片対数グラフ上で直線となる．

一般に，寿命が尽きる，あるいは故障が発生するという現象は，物理化学的変化量がある限度（臨界値，**しきい値**）を超えた場合に生じると考えられる．このとき，アイテムの寿命 θ と温度ストレス T の間にもアレニウス型の関係が成立すると考えるこ

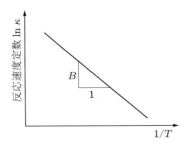

図 9.5　アレニウスモデルのプロット

とができ，同様に，次式で表される．

$$\ln \theta = C - \frac{B}{T} \quad (B, C：定数) \tag{9.5}$$

したがって，式 (9.5) において基準状態における寿命，反応速度定数，温度を，それぞれ θ_N，κ_N，T_N とするなら，θ_N/θ の比を表す**寿命加速係数** A_θ は，次式となる．

$$A_\theta = \frac{\theta_N}{\theta} = \frac{\kappa}{\kappa_N} = \exp\left\{-B\left(\frac{1}{T} - \frac{1}{T_N}\right)\right\} \tag{9.6}$$

なお，寿命同様に，故障率 λ が B，C を定数として，

$$\ln \lambda = C - \frac{B}{T} \tag{9.7}$$

と表せるときには，λ/λ_N の比を表す故障率加速係数 A_λ は，次のようになる．

$$A_\lambda = \frac{\lambda}{\lambda_N} = \exp\left\{-B\left(\frac{1}{T} - \frac{1}{T_N}\right)\right\} \tag{9.8}$$

この式 (9.5)〜(9.8) が，寿命あるいは故障率と温度ストレスの関係を示すアレニウスモデルである．これらの関係が，モータの温度，半導体の接合温度，あるいはコンデンサの周囲温度と寿命の間に成立することは，実験的に確かめられていて，加速試験やディレーティングに応用される．

■ 9.2.2 ■ アイリングモデル

(1) 概　要

アイリング (H.Eyring) は，アレニウスの理論を展開し，温度以外の電圧，機械的応力などのストレスの影響を一般的に取り扱えるようにしたモデルを，1931 年に提案している．この**アイリングモデル**は，反応速度 κ を，次式で表している．

$$\kappa = a \frac{kT}{h} \exp\left(-\frac{U}{kT}\right) \exp\left\{f(S)\left(c + \frac{d}{T}\right)\right\} \tag{9.9}$$

ただし，k はボルツマン定数，h はプランク定数，S は温度以外のストレス，$f(S)$ は S の関数．また，a, c, d は定数である．ここで，アイリングモデルが，材料の塑性変形や破壊の実験結果を満足することを考慮して，$f(S) = \ln S$，$c + d/T = n$ とおくと，

$$\kappa = a\frac{kT}{h}S^n \exp\left(-\frac{U}{kT}\right) \fallingdotseq CS^n \exp\left(-\frac{B}{T}\right) \tag{9.10}$$

となる．よって，このアイリングモデルでもアレニウスモデル同様に，アイテムの寿命 θ とストレス S の関係および寿命加速係数 A_θ は，それぞれ次式で表せる．

$$\ln \theta = C + \frac{B}{T} + n \ln S \tag{9.11}$$

$$A_\theta = \left(\frac{S}{S_N}\right)^n \exp\left\{-B\left(\frac{1}{T} - \frac{1}{T_N}\right)\right\} \tag{9.12}$$

ただし，B, C は定数である．

(2) 理論の応用例（疲労寿命）

よく知られている材料の疲労寿命を表す曲線は，負荷した応力振幅を S，応力振幅の繰返し数を N とするとき図 9.6 に示す形状となり，これを **S-N 曲線**とよび，点線で表す部分を，次の実験式で表す．

$$S = cN^{-m} \tag{9.13}$$

ただし，c, m は正の定数である．この式 (9.13) は，式 (9.11) において温度を一定としたときの結果である．なぜなら，寿命 θ を N，n を $-1/m$，定数項 $C' = C + B/T = (1/m)\ln c$ として書きなおすと，式 (9.13) は，次式となる．

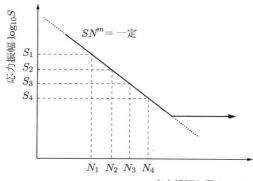

図 9.6 S-N 曲線

$$\ln \theta = C' + n \ln S$$

したがって，寿命加速係数 A_θ は，式 (9.12) で $B=0$ としたときの結果，

$$A_\theta = \left(\frac{S}{S_N}\right)^{1/m} \tag{9.14}$$

に一致する．もともと，疲労寿命改善のため，式 (9.14) でディレーティングの条件を決めていたので，それの物理学的な裏付けがなされた例である．

(3) 理論の応用例（電子部品の劣化）

電子部品では，電圧の 5 乗に反比例して寿命が短くなり，温度が 10℃ 上昇するごとに寿命が半減するという経験則がある．これは 5 乗則および 10 度則とよばれる法則であって，一般形として寿命加速係数 A_θ を，次の関係で表す法則である．

$$A_\theta = \frac{\theta_N}{\theta} = \left(\frac{V}{V_N}\right)^n 2^{(T-T_N)/\delta} \tag{9.15}$$

ただし，θ と θ_N は，それぞれ温度 T と T_N で電圧 V と V_N を印加した場合の寿命，n と δ は定数である．式 (9.15) で，$n=5$, $\delta=10$ ℃ とした結果が 5 乗則および 10 度則に対応するが，実際の部品では，$n=2\sim6$, $\delta=10\sim20$ ℃ の範囲の値となることが知られている．この法則も，経験則の妥当性が理論的に証明された例であり，式 (9.12) において，ストレス S を電圧 V，また，温度関連の項を

$$\frac{TT_N \ln 2}{B} = \delta \tag{9.16}$$

と置換すれば，式 (9.15) が得られる．

■ 9.2.3 ■ マイナー則（線形損傷則）

寿命に達するということを，「ある劣化量が蓄積し，それがあるしきい値を超えたときである」と考えたモデルが，**マイナー則**である．その代表例が疲労寿命で，たとえば図 9.6 に示す S-N 曲線において，応力振幅 S_1, S_2, S_3, S_4 に対する寿命の繰返し数を，それぞれ N_1, N_2, N_3, N_4 とするとき，S_1 を n_1 回 ($n_1 < N_1$)，S_2 を n_2 回 ($n_2 < N_2$)，S_3 を n_3 回 ($n_3 < N_3$) 加えたのち，S_4 を負荷したなら，

$$\frac{n_1}{N_1} + \frac{n_2}{N_2} + \frac{n_3}{N_3} + \frac{n_4}{N_4} = 1 \tag{9.17}$$

の条件を満足する繰返し数 n_4 回で破壊すると考えるものである．これを一般化して，寿命回数 N_i の応力振幅 S_i を n_i 回（ただし，$i=1, 2, \cdots$）負荷するなら，

$$\sum \frac{n_i}{N_i} = \frac{n_1}{N_1} + \frac{n_2}{N_2} + \cdots = 1 \tag{9.18}$$

の関係を満足したとき，破壊に至ると考え，これを破壊条件とするのが，マイナー則とよばれる**線形損傷則**である．

劣化や損傷が一方的に，また非可逆的に蓄積し，進行すると仮定するこの法則は，機械・構造物に変動荷重が作用するときの，疲労寿命の評価に広く使用されている．マイナー則は材料の疲労破壊だけではなく，電球，電気ドリル，モータなどの故障に対しても成り立つことが知られている．蓄積劣化モデルの一種であるマイナー則は，ある時間ごとに段階的に試験条件の厳しさを変えて行うステップストレス試験と定ストレス試験とを関係づけるのにも用いられている．

例題 9.1 主として利用する道路での走行距離によって決まるトラックの寿命が，高速道路では 100 万 km，一般の舗装路では 50 万 km，未舗装路では 10 万 km であった．高速道路を 30 万 km，一般の舗装路を 20 万 km 走行したトラックを，未舗装路で使用するとき，その寿命 θ を求めよ．

[解] マイナー則の式 (9.18) で，劣化の蓄積度 $\sum n_i/N_i = 30/100 + 20/50 = 0.7$ だから，寿命が尽きるまでに未舗装路を走行できる距離は，

$$\theta = (1 - 0.7) \times 100000 = 30000 \text{ km}$$

9.3 構造信頼性の評価

微視的あるいは巨視的に，故障発生のメカニズムをモデル化することによって，構造体としての材料強度の信頼性を検討し，それを通して故障の筋道を明らかにし，アイテムの信頼性を高めようとする考え方が**構造信頼性**である．

9.3.1 最弱リンクモデル

強度にばらつきがある要素を直列に配置したアイテムがあるとき，その故障は構成要素の最も弱いところで発生する．この考えにもとづくモデルが，**最弱リンクモデル**である．図 9.7(a) に示す鎖の破断強度（寿命）が，鎖を構成する環の中で最も弱い環によって決定されるとみなすものであり，**鎖モデル**ともよばれる．この考え方は 6.3.2 項で述べた**直列系**と同じなので，最弱リンクモデルの信頼度は，構成要素の信頼度の積となり，式 (6.5) で表すことができる．

ここで，最弱リンクモデルの考え方を拡張すると，最大値または最小値の分布を表す**極値分布**を導出できる．極値分布の一種である**ワイブル分布**は，脆性材料の破壊が材料中にたがいに独立して存在する欠陥が原因となって，最弱リンクモデルに従って破壊すると考えるときに導き出される．材料の破壊においては，材料中に含まれている

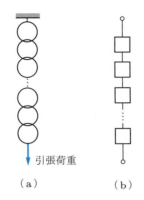

図 9.7 最弱リンクモデルと直列系

多数の微細なき裂のうち，最弱のストレスで成長するき裂によって全体の強度が決まると考えられるとき，最弱リンクモデルに従うので，このような挙動を示すセラミックスや鉄鋼材料の脆性破壊強度評価によく適用されている．

■ 9.3.2 ■ 束モデル

糸，ロープ，ワイヤなどは繊維の束からなっていて，その破断はすべての繊維が切れたときに生じることを，誰でも日常的に経験している．この考えにもとづくのが，**束モデル**である．繊維の強度モデルとして提案されたモデルであるが，微視的な材料の破壊や複合材料の評価にも応用されている．

いま，図 9.8(a) に示すように，並列に束ねられている強度にばらつきがある多数の繊維状要素の束に，引張荷重を加えていくと，まず最弱の要素が破断し，荷重が再配分される．さらに荷重を増していくと，次に弱い要素が破断し，あらためて荷重が配分される．これが繰り返されていくにつれて，残存している要素の強さとその残存数

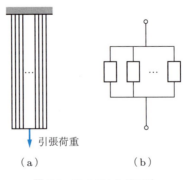

図 9.8 束モデルと並列系

の積に比例する束が負担できる荷重は，あるところで最大値をとり，以後減少する．この最大値を束の全要素の初期面積で割った値が，束の破断強度である．その分布は，要素数の増加にともない**正規分布**に近づくことが理論的に示されている．

なお，繊維状要素による冗長系を構成していると考えられる束モデルは，6.3.3項で述べた信頼性における**並列系**に相当し，冗長な要素をもたせることにより，系の信頼度向上をめざす冗長設計の基礎モデルとされている．

■ 9.3.3 ■ ストレス−強度モデル

(1) 成り立ち

故障は，アイテム自体の強度より作用するストレス（外力）が上まわったときに生じると考えられる．それゆえ，アイテムの強度が作用するストレスより小さくなる可能性に起因して故障が発生すると考え，両者の確率分布の相対関係からアイテムの安全を考察するのが**ストレス−強度モデル**である．このモデルでは，図9.9に示すように，使用開始時のアイテムの強度と作用するストレスの確率分布の間に，十分な安全余裕を見込んでいても，時間の経過につれて劣化曲線で示すように強度が劣化し，ついには強度の確率分布とストレスの確率分布が重なってしまい，このストレスが強度より大きくなるという重なり部分から故障が発生する確率を評価している．

さて，アイテムの強度と作用するストレスの両者が一定ではなく，それぞればらつきをもつ確率変数であり，ともにある確率分布に従うものと考え，それぞれ X_R と X_S

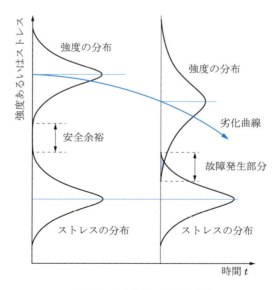

図 9.9　ストレス−強度モデル

とする.このとき,故障しないという条件は,

$$X_R > X_S, \quad Z = X_R - X_S > 0, \quad S_F = \frac{X_R}{X_S} > 1 \quad (9.19)$$

と表すことができる.ただし,Z は**安全余裕**,S_F は**安全係数**とよばれる構造信頼性を保証するためによく用いられるパラメータである.それゆえ,故障確率 P_f は,

$$P_f = P(X_R \leqq X_S) = P(Z \leqq 0) = P(S_F \leqq 1) \quad (9.20)$$

となる.この値が,図 9.9 で故障発生部分と表記した重なり部分を評価する故障確率($= 1 -$ 信頼度)である.

(2) 故障確率の計算

いま,アイテムの強度 X_R と作用するストレス X_S がたがいに独立な事象であり,強度とストレスの確率密度関数 $f_R(x_R)$ と $f_S(x_S)$ が図 9.10 に示すように分布し,強度とストレスの分布関数が,それぞれ $F_R(x_R)$,$F_S(x_S)$ であるとする.このとき,式 (9.20) の $P_f = P(X_R \leqq X_S)$ の関係で表す故障が生じる確率は,

① ストレスが x_S と $x_S + dx_S$ の間の値をとる確率:$f_S(x_S)\,dx$

② 強度がこの x_S よりも小さい値をとる確率:$F_R(x_S) = \int_0^{x_S} f_R(x_R)\,dx_R$

の積である.したがって,故障確率 P_f は,次のようになる.

$$P_f = \int_0^\infty F_R(x_S) f_S(x_S)\,dx_S = \int_0^\infty \left\{ \int_0^{x_S} f_R(x_R)\,dx_R \right\} f_S(x_S)\,dx_S \quad (9.21)$$

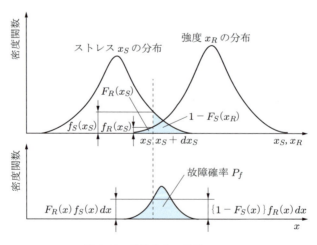

図 9.10 故障確率の計算モデル

この関係は，見方を変えると，このアイテムの故障確率が，

① 強度が x_R と $x_R + dx_R$ の間の値をとる確率：$f_R(x_R)\,dx_R$

② ストレスがこの x_R よりも大きい値をとる確率：$1 - F_S(x_R) = \int_{x_R}^{\infty} f_S(x_S)\,dx_S$

の積であると説明することもできる．このときには，次式となる．

$$P_f = \int_0^{\infty} \{1 - F_S(x_R)\} f_R(x_R)\,dx_R = \int_0^{\infty} \left\{ \int_{x_R}^{\infty} f_S(x_S)\,dx_S \right\} f_R(x_R)\,dx_R \tag{9.22}$$

式 (9.21) と式 (9.22) は等価であって，アイテムの強度と作用するストレスの 2 つの分布関数が定まると，故障確率を求めることができる．しかし，式 (9.21) あるいは式 (9.22) の解析解を得ることは，適用する分布関数の形によっては困難な場合がある．その場合には，数値計算などによって故障確率 P_f を求める．

■ 9.3.4 ■ 安全余裕と故障確率

(1) 正規分布の場合

アイテムの強度と作用するストレスの確率分布がともに正規分布に従うときには，上述した式 (9.21) あるいは式 (9.22) の積分を解くことなく，以下に示すように，解析解を得ることができる．

いま，式 (9.20) の安全余裕 Z で表した故障確率 P_f を，Z の確率密度関数 $f(z)$ を用いて表すと，故障確率は，次のようになる．

$$P_f = P(Z \leqq 0) = \int_{-\infty}^{0} f(z)\,dz \tag{9.23}$$

ここで，アイテムの強度 X_R が正規分布 $N(\mu_R,\ \sigma_R{}^2)$，作用するストレス X_S が正規分布 $N(\mu_S,\ \sigma_S{}^2)$ に従うときには，$Z = X_R - X_S$ は，式 (2.38) の関係より，平均が $\mu_R - \mu_S$，式 (2.41) の関係より，分散が $\sigma_R{}^2 + \sigma_S{}^2$ の正規分布 $N(\mu_R - \mu_S,\ \sigma_R{}^2 + \sigma_S{}^2)$ に従う．したがって，その確率密度関数は，式 (4.18) より，次式となる．

$$f(z) = \frac{1}{\sqrt{2\pi(\sigma_R{}^2 + \sigma_S{}^2)}} \exp\left[-\frac{\{z - (\mu_R - \mu_S)\}^2}{2(\sigma_R{}^2 + \sigma_S{}^2)} \right] \tag{9.24}$$

これを式 (9.23) に代入したのち，

$$t = \frac{z - (\mu_R - \mu_S)}{\sqrt{\sigma_R{}^2 + \sigma_S{}^2}} \tag{9.25}$$

の変数変換で標準化すると，故障確率 P_f として，

$$P_f = \frac{1}{\sqrt{2\pi}} \int_{-\infty}^{u} \exp\left(-\frac{t^2}{2}\right) dt \tag{9.26}$$

を得る．ただし，u は $z = 0$ における t の値であり，

$$u = -\frac{\mu_R - \mu_S}{\sqrt{\sigma_R{}^2 + \sigma_S{}^2}} \tag{9.27}$$

である．なお，式 (9.26) は，式 (4.24) で示した標準正規分布関数 $\Phi(\cdot)$ を用いて，

$$P_f = \Phi(u) = \Phi\left(-\frac{\mu_R - \mu_S}{\sqrt{\sigma_R{}^2 + \sigma_S{}^2}}\right) = 1 - \Phi\left(\frac{\mu_R - \mu_S}{\sqrt{\sigma_R{}^2 + \sigma_S{}^2}}\right) \tag{9.28}$$

と表される．このように，正規分布に従うアイテムの故障確率 P_f は，式 (9.28) を用いて容易に計算することができる．

(2) 対数正規分布の場合

アイテムの強度と作用するストレスの確率分布がともに対数正規分布に従うときにも，以下に示すように解析解を得ることができる．この場合には，アイテムの強度 X_R，作用するストレス X_S を，

$$\ln X_R = Y_R, \qquad \ln X_S = Y_S \tag{9.29}$$

と変換すれば，アイテムの強度の対数 Y_R が正規分布 $N(\mu_{LR}, \sigma_{LR}{}^2)$，作用するストレスの対数 Y_S が正規分布 $N(\mu_{LS}, \sigma_{LS}{}^2)$ に従う．そのため，安全余裕 $Z = Y_R - Y_S$ は，式 (2.38) の関係より，平均が $\mu_{LR} - \mu_{LS}$，式 (2.41) の関係より，分散が $\sigma_{LR}{}^2 + \sigma_{LS}{}^2$ の正規分布 $N(\mu_{LR} - \mu_{LS}, \sigma_{LR}{}^2 + \sigma_{LS}{}^2)$ に従うので，上述した式 (9.24)〜(9.28) をそのまま適用して故障確率 P_f を求めることができる．

例題 9.2 アイテムの強度 X_R が正規分布 $N(400, 400)$，作用するストレス X_S が正規分布 $N(300, 900)$ に従うとき，このアイテムの故障確率 P_f を求めよ．

[解] 式 (9.27) より，$u = -(400 - 300)/\sqrt{400 + 900} \fallingdotseq -2.774$ となるので，故障確率は，式 (9.28) より，

$$P_f = 1 - \Phi(2.774) \fallingdotseq 0.0028 = 0.28\ \%$$

■ 9.3.5 ■ 安全係数と故障確率

正規分布に従うストレス-強度モデルにおいて，安全余裕ではなく安全係数 S_F を用いて故障確率を評価する場合を検討する．ただし，安全係数としては，**中央安全係数** S_C を用いる．中央安全係数は，アイテムの強度の平均 μ_R と作用するストレスの平均 μ_S の比を表し，

$$S_C = \frac{\mu_R}{\mu_S} \tag{9.30}$$

である．以下では，中央安全係数を単に安全係数とよぶ．ここで，アイテムの強度と作用するストレスの確率分布がともに正規分布に従う場合には，安全余裕で整理した故障確率 P_f は式 (9.28) となるので，これを式 (9.30) の S_C を用いて書き換えると，

$$P_f = 1 - \Phi\left(\frac{S_C - 1}{\sqrt{S_C{}^2 \eta_R{}^2 + \eta_S{}^2}}\right) \tag{9.31}$$

となる．ただし，η_R と η_S は，それぞれ式 (2.30) で定義した強度とストレスの**変動係数**であって，次のとおりである．

$$\eta_R = \frac{\sigma_R}{\mu_R}, \qquad \eta_S = \frac{\sigma_S}{\mu_S} \tag{9.32}$$

アイテムの強度と作用するストレスがいずれも正規分布に従う場合の，安全係数と故障確率の関係を与える式 (9.31) は，安全係数 S_C が同じでも η_R や η_S が大きくなるほど標準正規分布関数 $\Phi(\cdot)$ の値が小さくなるので，故障確率 P_f が大きくなることを示している．したがって，P_f 値をある許容値以下とするために必要な S_C 値は，η_R や η_S が大きいほど大きくなる．この傾向は，安全余裕を用いて故障確率を評価する式 (9.28) の関係からは把握しにくい結論であり，安全係数で故障確率を評価する利点といえる．なお，対数正規分布においても，真数でなく対数値を用いれば，同じ取り扱いで故障確率を求めることができる．

例題 9.3 アイテムの強度と作用するストレスがともに正規分布に従うとき，式 (9.32) に示す変動係数が，(1) $\eta_R = \eta_S = 0.05$，(2) $\eta_R = \eta_S = 0.1$，(3) $\eta_R = \eta_S = 0.2$，の場合について，故障確率 $P_f \leqq 10^{-2}$ を満足するのに必要な中央安全係数 S_C を求めよ．

[解] 式 (9.31) を逆標準正規分布関数を用いて書き表すと，$P_f = 0.01$ のとき，

$$\frac{S_C - 1}{\sqrt{S_C{}^2 \eta_R{}^2 + \eta_S{}^2}} = \Phi^{-1}(1 - P_f) = \Phi^{-1}(1 - 0.01) = \Phi^{-1}(0.99) \fallingdotseq 2.326$$

を得る．これより得られる二次方程式，

$$(1 - 2.326^2 \eta_R{}^2) S_C{}^2 - 2 S_C + 1 - 2.326^2 \eta_S{}^2 = 0$$

に η_R，η_S を代入し，S_C 値を求めると，

(1) $S_C = 1.183$, (2) $S_C = 1.408$, (3) $S_C = 2.098$

演習問題 9

9.1 あるアイテムの強度 X_R の分布が正規分布 $N(20, 8)$ に従い，作用するストレス X_S が正規分布 $N(13, 5)$ に従うとき，その信頼度 R を求めよ．

9.2 アイリングモデルに従う材料の疲労試験を行い，繰返し応力振幅 S（単位：MPa）と繰返し数（寿命）N（単位：kcycle）の間に，表 9.1 に示す結果を得た．この結果について (1) 線形回帰分析の手法を用いて式 (9.13) の S-N 曲線，(2) 応力振幅を倍にしたときの寿命加速係数 A_θ，を求めよ．

表 9.1

応力振幅	410	370	320	290	260	220	190	160
繰返し数	10.1	20.2	42.2	70.8	141.2	282.8	668.3	1183.6

9.3 5 乗則および 10 度則に従うアイテムがある．このアイテムを定格の 2 倍，温度 60℃ の条件で使用するとき，その寿命を求めよ．ただし，このアイテムの寿命は定格，25℃ の条件で MTTF $= 10^6$ 時間とする．

9.4 マイナー則に従うアイテムの S-N 曲線のプロット点が，応力振幅 $S = 50$ MPa で繰返し数 $N = 10000$ cycle，$S = 200$ MPa で $N = 100$ cycle であった（すなわち，$S = -75 \log_{10} N + 350$）．このアイテムを $S = 70$ MPa で $N = 2000$ cycle，$S = 100$ MPa で $N = 900$ cycle 試験した後 $S = 150$ MPa で試験するとき，破断までの繰返し数を求めよ．

9.5 アイテムの強度 X_R が対数正規分布 $N(\mu_{LR}, \sigma_{LR}^2)$，作用するストレス X_S が対数正規分布 $N(\mu_{LS}, \sigma_{LS}^2)$ に従い，強度の平均 $\mu_R = 400$ MPa，ストレスの平均 $\mu_S = 200$ MPa，変動係数 $\eta_{LR} = \eta_{LS} = 0.1$ であるとき，このアイテムの故障確率 P_f を求めよ．

9.6 アイテムの強度 X_R が正規分布 $N(\mu_R, \sigma_R^2)$ に従い，アイテムに作用するストレス X_S が正規分布 $N(\mu_S, \sigma_S^2)$ に従っている．変動係数 $\eta_R = \eta_S$，$\mu_S = 200$ MPa，$\sigma_S = 25$ MPa のとき，(1) 故障確率 $P_f \leq 5 \times 10^{-3}$ とするために必要な安全係数 S_C，(2) アイテムの強度が従う正規分布，を求めよ．

付 録

A.1 ガンマ関数

ワイブル分布の解析などに用いられている**ガンマ関数**の定義は,

$$\Gamma(x) = \int_0^\infty u^{x-1} \exp(-u)\, du \tag{A.1}$$

である．このガンマ関数には，

$$\Gamma(1+x) = x\Gamma(x) \tag{A.2}$$

という性質と $\Gamma(1) = 1$, $\Gamma(1/2) = \sqrt{\pi}$ という性質があるので，$n = 0, 1, 2, \cdots$ に対して

$$\Gamma(n+1) = n!, \qquad \Gamma(n+1/2) = \frac{\sqrt{\pi}(2n)!}{2^{2n}n!} \tag{A.3}$$

の関係を得ることができる．さらに，$0 \leqq x \leqq 1$ の範囲で，たとえば，

$$\begin{aligned}\Gamma(1+x) \fallingdotseq\ & 1 - 0.5748646x + 0.9512363x^2 \\ & - 0.6998588x^3 + 0.4245549x^4 - 0.1010678x^5\end{aligned} \tag{A.4}$$

という近似式が与えられているので，式 (A.2) と式 (A.4) を利用すれば，必要なガンマ関数値を以下に示す関係を用いて求めることができる．なお，式 (A.2) の関係より，一般形として $n-1 \leqq x \leqq n$ (ただし，n は正整数) のときには，

$$\Gamma(1+x) = x(x-1)\cdots(x-n+2)\Gamma(1+(x-n+1)) \tag{A.5}$$

の関係を得る．一例として，$\Gamma(4.1)$ の場合には，次のようになる．

$$\begin{aligned}\Gamma(4.1) &= \Gamma(1+3.1) = 3.1 \times 2.1 \times 1.1 \times \Gamma(1+0.1) \\ &= 3.1 \times 2.1 \times 1.1 \times 0.951367 = 6.812739\cdots\end{aligned}$$

A.2 方程式の数値解法

方程式の数値解法には，いろいろな方法があるが，その基本手順は同じ操作を繰り返し行うことである．ここでは，方程式の形を

$$x = g(x) \tag{A.6}$$

と表して，この方程式を満足する x の値を求める方法を示す．たとえば，$\sqrt{2}$ は，$x^2 = 2$ の

解であるから，

$$x = g(x) = \frac{2}{x} \tag{A.7}$$

を解けばよいのであって，二次方程式 $x^2 - 4x + 1 = 0$ の解ならば，

$$x = g(x) = \frac{x^2 + 1}{4} \tag{A.8}$$

を解けばよい．

数値解法では，解の初期値が必要であるので，最初に第 0 次近似として，真の値に近いと思われる x_0 値を適宜設定する．この x_0 値から $g(x_0)$ を求め，第 1 次近似 x_1 を

$$x_1 = \frac{x_0 + g(x_0)}{2} \tag{A.9}$$

として計算する．同様な手続きで，x_1 から x_2 値，x_2 から x_3 値を求めるのであって，一般に解 x の第 i 近似（ただし，$i = 1, 2, \cdots, n$）を x_i とするとき，

$$x_i = \frac{x_{i-1} + g(x_{i-1})}{2} \tag{A.10}$$

となる．これによって，図 A.1 に示すように，x_0 から x_1 値，x_1 から x_2 値を求める操作を順次繰り返すことができる．そして，x_{i-1} と x_i との差が，誤差とみなす所定の値 ε より小さくなったか否かの判定．すなわち，

$$|x_i - x_{i-1}| \leqq \varepsilon \tag{A.11}$$

を満足するとき，収束したとみなして計算を打ち切り，x_i を x の解とする．

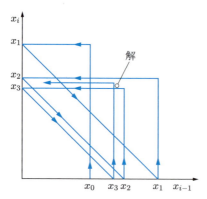

図 A.1 数値解法における手順の概念

たとえば，累積確率 F に対する**逆標準正規分布関数**の解（**パーセント点**）は，最初に，標準正規分布関数の式 (4.27) を書きなおして，

$$t = g(t) = \frac{\sqrt{2\pi}(F - 1/2)}{1 - \dfrac{t^2}{3 \times 2 \times 1!} + \dfrac{t^4}{5 \times 2^2 \times 2!} + \cdots + (-1)^n \dfrac{t^{2n}}{(2n+1) \times 2^n \times n!} + \cdots} \tag{A.12}$$

という方程式にする．続いて，この式 (A.12) を式 (A.9) に適用して，第 0 次近似 t_0 に対する第 1 次近似 t_1 を求め，式 (A.10) の関係より t_1 から t_2 値，t_2 から t_3 値と逐次計算を進め，式 (A.11) を満足して $t_i \fallingdotseq t_{i-1}$ と収束した $t(= \Phi^{-1}(F))$ 値が，累積確率 F を満足する解となる．

一方，ワイブル分布の最尤値を求める場合には，式 (5.23) を書きなおし，

$$\alpha = g(\alpha) = \frac{1}{\displaystyle\sum_{j=1}^{n} x_j{}^\alpha \ln x_j \bigg/ \sum_{j=1}^{n} x_j{}^\alpha - \frac{1}{n}\sum_{j=1}^{n} \ln x_j} \tag{A.13}$$

という方程式にする．次に，この式 (A.13) を式 (A.10) に適用し，第 0 次近似 α_0 を初期値として第 1 次近似 α_1 値を求め，α_1 から α_2 値，α_2 から α_3 値と逐次計算を進め，$\alpha_i \fallingdotseq \alpha_{i-1}$ と収束した α 値を最尤推定値とする．さらに，式 (5.22) より β 値の最尤推定値を求める．

A.3　Excel による例題の計算例

以下に示す説明において，たとえば，C3 は Excel の表 A.1～A.4 の C の列の 3 の行の欄（セル）を示している．表 A.1 で C3 の値は，-1.10923 となっている．

(1) 正規分布の線形回帰分析（例題 5.1）

表 A.1 に示す手順は，以下のとおりである．
① A2～A15 は小さい順に並べた観測値 x_i，平均 μ_x が A18（$= \text{SUM}(A2:A15)/14$）
② B2～B15 は A の列に対応する累積確率 $F_i (= i/15)$
③ C2～C15 は付表 2 より求めた $y_i = \Phi^{-1}(F_i)$ で，平均 μ_y が C18
④ D の列は $x_i y_i$，その平均が D18，E の列は $x_i{}^2$，その平均が E18
⑤ C21（$= (D18 - A18*C18)/(E18 - A18*A18)$）は回帰係数 A_1
⑥ D21（$= C18 - A18*C21$）は回帰係数 A_0
⑦ F21（$= -D21/C21$）は解答の平均 μ，G21（$= 1/C21$）は標準偏差 σ
⑧ F の列は $(x_i - \mu_x)^2$，G の列は $(y_i - \mu_y)^2$ で，その平均 F18 と G18 は，相関係数 E21（$= (D18 - A18*C18)/\text{SQRT}(F18*G18)$）を求めるのに利用している．

(2) 対数正規分布の線形回帰分析（例題 5.2）

D の列が異なるだけで，表 A.2 の手順は上述した (1) の場合と同じである．
① A2～A13 は小さい順に並べた観測値 t_i
② B2～B13 は A の列に対応する累積確率 $F_i (= i/13)$
③ C2～C13 は $y_i = \Phi^{-1}(F_i)$ で，平均 μ_y が C16
④ D2～D13 は観測値の対数値 x_i，平均 μ_x が D16
⑤ E の列は $x_i y_i$，その平均が E16，F の列は $x_i{}^2$，その平均が E16
⑥ B19 は回帰係数 A_1，C19 は回帰係数 A_0，D19 は相関係数
⑦ E19 は解答の平均 μ_L，F19 は解答の標準偏差 σ_L となっている．

表 A.1　例題 5.1 の Excel による計算結果

	A	B	C	D	E	F	G
1	故障時間 x	累積確率 F	$y = \Phi^{-1}(F)$	xy	x^2	$(x-\mu_x)^2$	$(y-\mu_y)^2$
2	19.0	0.06667	-1.50109	-28.521	361.00	69.2457	2.253281
3	21.5	0.13333	-1.10923	-23.848	462.25	33.8887	1.230384
4	23.0	0.20000	-0.84162	-19.357	529.00	18.6745	0.708324
5	24.0	0.26667	-0.62293	-14.950	576.00	11.0317	0.388038
6	25.0	0.33333	-0.43072	-10.768	625.00	5.3889	0.185523
7	26.0	0.40000	-0.25335	-6.587	676.00	1.7461	0.064186
8	27.0	0.46667	-0.08365	-2.259	729.00	0.1033	0.006997
9	27.5	0.53333	0.08365	2.300	756.25	0.0319	0.006997
10	28.5	0.60000	0.25335	7.220	812.25	1.3891	0.064186
11	29.5	0.66667	0.43072	12.706	870.25	4.7463	0.185523
12	31.0	0.73333	0.62293	19.311	961.00	13.5321	0.388038
13	32.0	0.80000	0.84162	26.932	1024.00	21.8893	0.708324
14	33.5	0.86667	1.10923	37.159	1122.25	38.1751	1.230384
15	35.0	0.93333	1.50109	52.538	1225.00	58.9609	2.253281
16							
17	μ_x			μ_y	$\Sigma xy/N$	$\Sigma x^2/N$	σ_x^2	σ_y^2
18	27.3214			0	3.7055	766.375	19.9145	0.6910
19							
20				A_1	A_0	相関係数 r	平均	標準偏差
21				0.1861	-5.0837	0.9989	27.3214	5.3743

表 A.2　例題 5.2 の Excel による計算結果

	A	B	C	D	E	F	G	H
1	故障時間 t	累積確率	$y = \Phi^{-1}(F)$	$x = \ln(t)$	xy	x^2	$(x-\mu_x)^2$	$(y-\mu_y)^2$
2	140	0.07692	-1.42610	4.94164	-7.0473	24.4198	0.35124	2.033752
3	170	0.15385	-1.02006	5.13580	-5.2388	26.3764	0.15880	1.040529
4	190	0.23077	-0.73632	5.24702	-3.8635	27.5313	0.08253	0.542162
5	210	0.30769	-0.50241	5.34711	-2.6864	28.5916	0.03504	0.252416
6	230	0.38462	-0.29337	5.43808	-1.5953	29.5727	0.00926	0.086063
7	240	0.46154	-0.09655	5.48064	-0.5292	30.0374	0.00288	0.009323
8	260	0.53846	0.09655	5.56068	0.5369	30.9212	0.00070	0.009323
9	285	0.61538	0.29337	5.65249	1.6582	31.9506	0.01397	0.086063
10	310	0.69231	0.50241	5.73657	2.8821	32.9083	0.04091	0.252416
11	340	0.76923	0.73632	5.82895	4.2920	33.9766	0.08682	0.542162
12	395	0.84615	1.02006	5.97889	6.0988	35.7471	0.19766	1.040529
13	430	0.92308	1.42610	6.06379	8.6475	36.7695	0.28035	2.033752
14								
15				μ_y	μ_x	$\Sigma xy/N$	$\Sigma x^2/N$	σ_x^2	σ_y^2
16				0.0000	5.5343	0.2629	30.7335	0.1050	0.6607
17								
18			A_1	A_0	相関係数 r	μ_L	σ_L	平均	標準偏差
19			2.5037	-13.8563	0.9982	5.534	0.3994	274.258	114.0581

(3) ワイブル分布の線形回帰分析（例題 5.3）

表 A.3 に示す結果もその基本手順は表 A.1 の場合と同じであるが，
① 各経過時間の度数（故障数）が 1 ではないこと
② 打切りデータが含まれていること

の 2 点は，根本的に異なる取り扱いである．ここでは，累積故障数 $N = 96$ だが，C 列は式 (3.10) で打切りデータを含め $N = 100$ として累積確率を求めている．

① A2〜A8 は観測値 t_i で，D2〜D8 は $x_i = \ln t_i$
② B2〜B8 は各経過時間における度数 n_i で，C2〜C8 は A の列に対応する累積確率 F_i
③ E2〜E8 は $y_i = \ln\{\ln(1-F_i)^{-1}\}$
④ F2〜F8 は度数 n_i を考慮した $n_i x_i$ 値で，x の平均 μ_x が F11
⑤ G2〜G8 は度数 n_i を考慮した $n_i y_i$ 値で，y の平均 μ_y が G11
⑥ E14 は回帰係数 A_1，F14 は回帰係数 A_0，G14 は相関係数 r
⑦ H14 は形状母数 $\alpha(= E14)$，I14 は尺度母数 $\beta\ (= \mathrm{EXP}(-F14/H14))$
⑧ $1/\alpha$ が H16 で I16 に $\Gamma(1+1/\alpha)$
⑨ $2/\alpha$ が H17 で H17>1 だから I17 = H17−1，J17 = $\Gamma(1+I17)$，K17 = I17∗$\Gamma(1+2/\alpha)$
⑩ J14（= I14∗I16）は解答の期待値 μ，K14（= I14∗SQRT(K17 − I16^2)）は標準偏差 σ となっている．

表 A.3　例題 5.3 の Excel による計算結果

	A	B	C	D	E	F	G	H	I	J	K
1	t	n	F	x	y	nx	ny	nxy	nx^2	$n(x-\mu_x)^2$	$n(y-\mu_y)^2$
2	2	2	0.01980	0.69315	−3.9120	1.3863	−7.8240	−5.4232	0.9609	10.94299	26.52132
3	3	2	0.03960	1.09861	−3.2087	2.1972	−6.4174	−7.0502	2.4139	7.47806	17.26626
4	7	10	0.13861	1.94591	−1.9024	19.4591	−19.0238	−37.0187	37.8657	11.80178	26.63142
5	14	22	0.35644	2.63906	−0.8193	58.0593	−18.0249	−47.5689	153.2217	3.40156	6.62707
6	25	28	0.63366	3.21888	0.0042	90.1285	0.1174	0.3780	290.1125	0.97501	2.11234
7	40	22	0.85149	3.68888	0.6456	81.1553	14.2025	52.3913	299.3723	9.48499	18.46081
8	48	10	0.95050	3.87120	1.1005	38.7120	11.0050	42.6027	149.8620	7.03805	18.79574
9											
10					μ_x	μ_y	$\Sigma nxy/N$	$\Sigma nx^2/N$	σ_x^2	σ_y^2	
11					3.0323	−0.27047	−0.01759	9.72718	0.53253	1.21266	
12											
13					A_1	A_0	相関係数 r	α	β	平均	標準偏差
14					1.5071	−4.8403	0.99869	1.5071	24.8222	22.395	15.141
15											
16						$\Gamma(1+1/\alpha)$	0.663545	0.902209			
17						$\Gamma(1+2/\alpha)$	1.327089	0.327089	0.893728	1.186057	

(4) ワイブル分布の最尤推定値（例題 5.6）

表 A.4 に示す，式 (A.13) を用いた繰返し計算の手順は，以下のとおりである．
① A2〜A16 は観測値 x_i，A21〜A35 は $\ln x_i$，A37 はその平均
② A40 は形状母数 α の第 0 次近似 α_0 であって $\alpha_0 = 3$ としている
③ B2〜B16 は x_i^α で B18 はその和，B21〜B35 は $x_i^\alpha \ln x_i$ で B37 はその和
④ B40（= $(1/((B37/B18) - A37) + A40)/2$）は結果の第 1 次近似 α_1
⑤ B42（= $(B18/15)^{\wedge}(1/B40)$）が β 値

表 A.4 例題 5.6 の Excel による計算結果

	A	B	C	D	E	F	G	H	I	J
1	x	x^α	x^α	x^α	x^α	x^α	x^α	x^α	x^α	x^α
2	3.66	49.03	168.97	192.02	197.32	198.52	198.79	198.85	198.86	198.86
3	4.67	101.85	442.84	515.47	532.42	536.26	537.13	537.32	537.37	537.38
4	5.43	160.10	803.79	949.63	983.97	991.77	993.52	993.92	994.00	994.02
5	5.98	213.85	1177.08	1403.93	1457.65	1469.86	1472.61	1473.23	1473.37	1473.40
6	6.52	277.17	1656.73	1992.92	2072.94	2091.15	2095.25	2096.18	2096.38	2096.43
7	7.08	354.89	2294.76	2782.92	2899.67	2926.27	2932.26	2933.61	2933.91	2933.98
8	7.37	400.32	2689.47	3274.52	3414.77	3446.74	3453.95	3455.57	3455.93	3456.01
9	7.61	440.71	3052.74	3728.57	3890.89	3927.90	3936.25	3938.12	3938.54	3938.64
10	8.22	555.41	4140.82	5096.12	5326.58	5379.19	5391.05	5393.71	5394.31	5394.45
11	8.63	642.74	5019.52	6207.24	6494.59	6560.22	6575.02	6578.35	6579.09	6579.26
12	9.19	776.15	6436.00	8008.34	8390.14	8477.41	8497.09	8501.52	8502.51	8502.73
13	9.48	851.97	7277.16	9082.77	9522.00	9622.44	9645.09	9650.18	9651.32	9651.58
14	10.35	1108.72	10297.28	12963.92	13615.92	13765.18	13798.85	13806.42	13808.12	13808.50
15	10.88	1287.91	12545.03	15871.67	16687.40	16874.26	16916.42	16925.90	16928.03	16928.51
16	11.21	1408.69	14118.12	17914.59	18847.13	19060.84	19109.05	19119.90	19122.33	19122.88
17		Σ	Σ	Σ	Σ	Σ	Σ	Σ	Σ	Σ
18		8629.512	72120.310	89984.619	94333.392	95328.007	95552.325	95602.758	95614.088	95616.633
19										
20	$\ln x$	$x^\alpha*\beta$	$x^\alpha*\beta$	$x^\alpha*\beta$	$x^\alpha*\beta$	$x^\alpha*\beta$	$x^\alpha*\beta$	$x^\alpha*\beta$	$x^\alpha*\beta$	$x^\alpha*\beta$
21	1.29746	63.61	219.23	249.13	256.01	257.57	257.92	258.00	258.01	258.02
22	1.54116	156.96	682.49	794.42	820.55	826.47	827.80	828.10	828.17	828.18
23	1.69194	270.88	1359.97	1606.71	1664.81	1678.01	1680.98	1681.64	1681.79	1681.83
24	1.78842	382.45	2105.12	2510.81	2606.89	2628.73	2633.65	2634.76	2635.01	2635.06
25	1.87487	519.65	3106.17	3736.48	3886.50	3920.65	3928.34	3930.07	3930.46	3930.54
26	1.95727	694.63	4491.47	5446.94	5675.45	5727.51	5739.24	5741.88	5742.47	5742.60
27	1.99742	799.60	5371.99	6540.58	6820.73	6884.58	6898.97	6902.21	6902.93	6903.10
28	2.02946	894.41	6195.42	7567.00	7896.42	7971.54	7988.47	7992.27	7993.13	7993.32
29	2.10657	1170.01	8722.93	10735.32	11220.82	11331.64	11356.62	11362.24	11363.50	11363.78
30	2.15524	1385.25	10818.30	13378.12	13997.43	14138.88	14170.77	14177.94	14179.55	14179.91
31	2.21812	1721.59	14275.79	17763.43	18610.30	18803.88	18847.53	18857.35	18859.55	18860.05
32	2.24918	1916.24	16367.67	20428.81	21416.72	21642.63	21693.58	21705.03	21707.61	21708.19
33	2.33699	2591.06	24064.61	30296.51	31820.22	32169.04	32247.73	32265.42	32269.40	32270.29
34	2.38693	3074.15	29944.05	37884.51	39831.59	40277.61	40378.24	40400.87	40405.95	40407.09
35	2.41681	3404.54	34120.77	43296.09	45549.87	46066.35	46182.88	46209.08	46214.97	46216.29
36	Σ/N	Σ	Σ	Σ	Σ	Σ	Σ	Σ	Σ	Σ
37	2.00319	19045.05	161845.96	202234.88	212074.32	214325.08	214832.72	214946.85	214972.50	214978.26
38										
39		α	α	α	α	α	α	α	α	α
40	3	3.953654	4.052195	4.073192	4.077857	4.078903	4.079137	4.079190	4.079202	4.079205
41		β	β	β	β	β	β	β	β	β
42		4.9896	8.1028	8.4634	8.5411	8.5584	8.5622	8.5631	8.5633	8.5633

⑥ C の列以降は B の列に準じた計算の繰り返し

⑦ C40 (= (1/((C37/C18) − A37) + B40)/2) は第 2 次近似 α_2

⑧ D40 (= (1/((D37/D18) − A37) + C40)/2) は第 3 次近似 α_3, … となっている.

この計算例では,第 8 次近似 (= I40) の $\alpha_8 = 4.0792$ で収束しているとみなせる.しかし,下 3 桁の精度ならば,第 5 次近似 (= F40) で十分満足できる結果である.

■付表 1 ■ 標準正規分布の上側確率

パーセント点 t を与えて青色部分の**標準正規分布**の上側確率 $P(t)$ を求める表

$$P(t) = 1 - \Phi(t) = \frac{1}{\sqrt{2\pi}} \int_t^\infty \exp\left(-\frac{t^2}{2}\right) dt$$

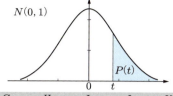

	A	B	C	D	E	F	G	H	I	J	K
	t	0.00	0.01	0.02	0.03	0.04	0.05	0.06	0.07	0.08	0.09
1	t	0.00	0.01	0.02	0.03	0.04	0.05	0.06	0.07	0.08	0.09
2	0.0	0.50000	0.49601	0.49202	0.48803	0.48405	0.48006	0.47608	0.47210	0.46812	0.46414
3	0.1	0.46017	0.45620	0.45224	0.44828	0.44433	0.44038	0.43644	0.43251	0.42858	0.42465
4	0.2	0.42074	0.41683	0.41294	0.40905	0.40517	0.40129	0.39743	0.39358	0.38974	0.38591
5	0.3	0.38209	0.37828	0.37448	0.37070	0.36693	0.36317	0.35942	0.35569	0.35197	0.34827
6	0.4	0.34458	0.34090	0.33724	0.33360	0.32997	0.32636	0.32276	0.31918	0.31561	0.31207
7	0.5	0.30854	0.30503	0.30153	0.29806	0.29460	0.29116	0.28774	0.28434	0.28096	0.27760
8	0.6	0.27425	0.27093	0.26763	0.26435	0.26109	0.25785	0.25463	0.25143	0.24825	0.24510
9	0.7	0.24196	0.23885	0.23576	0.23270	0.22965	0.22663	0.22363	0.22065	0.21770	0.21476
10	0.8	0.21186	0.20897	0.20611	0.20327	0.20045	0.19766	0.19489	0.19215	0.18943	0.18673
11	0.9	0.18406	0.18141	0.17879	0.17619	0.17361	0.17106	0.16853	0.16602	0.16354	0.16109
12	1.0	0.15866	0.15625	0.15386	0.15151	0.14917	0.14686	0.14457	0.14231	0.14007	0.13786
13	1.1	0.13567	0.13350	0.13136	0.12924	0.12714	0.12507	0.12302	0.12100	0.11900	0.11702
14	1.2	0.11507	0.11314	0.11123	0.10935	0.10749	0.10565	0.10383	0.10204	0.10027	0.09853
15	1.3	0.09680	0.09510	0.09342	0.09176	0.09012	0.08851	0.08692	0.08534	0.08379	0.08226
16	1.4	0.08076	0.07927	0.07780	0.07636	0.07493	0.07353	0.07215	0.07078	0.06944	0.06811
17	1.5	0.06681	0.06552	0.06426	0.06301	0.06178	0.06057	0.05938	0.05821	0.05705	0.05592
18	1.6	0.05480	0.05370	0.05262	0.05155	0.05050	0.04947	0.04846	0.04746	0.04648	0.04551
19	1.7	0.04457	0.04363	0.04272	0.04182	0.04093	0.04006	0.03920	0.03836	0.03754	0.03673
20	1.8	0.03593	0.03515	0.03438	0.03363	0.03288	0.03216	0.03144	0.03074	0.03005	0.02938
21	1.9	0.02872	0.02807	0.02743	0.02680	0.02619	0.02559	0.02500	0.02442	0.02385	0.02330
22	2.0	0.02275	0.02222	0.02169	0.02118	0.02068	0.02018	0.01970	0.01923	0.01876	0.01831
23	2.1	0.01786	0.01743	0.01700	0.01659	0.01618	0.01578	0.01539	0.01500	0.01463	0.01426
24	2.2	0.01390	0.01355	0.01321	0.01287	0.01255	0.01222	0.01191	0.01160	0.01130	0.01101
25	2.3	0.01072	0.01044	0.01017	0.00990	0.00964	0.00939	0.00914	0.00889	0.00866	0.00842
26	2.4	0.00820	0.00798	0.00776	0.00755	0.00734	0.00714	0.00695	0.00676	0.00657	0.00639
27	2.5	0.00621	0.00604	0.00587	0.00570	0.00554	0.00539	0.00523	0.00508	0.00494	0.00480
28	2.6	0.00466	0.00453	0.00440	0.00427	0.00415	0.00402	0.00391	0.00379	0.00368	0.00357
29	2.7	0.00347	0.00336	0.00326	0.00317	0.00307	0.00298	0.00289	0.00280	0.00272	0.00264
30	2.8	0.00256	0.00248	0.00240	0.00233	0.00226	0.00219	0.00212	0.00205	0.00199	0.00193
31	2.9	0.00187	0.00181	0.00175	0.00169	0.00164	0.00159	0.00154	0.00149	0.00144	0.00139
32	3.0	0.00135	0.00131	0.00126	0.00122	0.00118	0.00114	0.00111	0.00107	0.00104	0.00100

この表で，A の列は 0.1 刻みの t 値を表し，1 の行は t 値の下 2 桁を表している．たとえば，$P(0.5)$ は 0.30854（= B7）であり，$P(0.51)$ は 0.30503（= C7）となる．さらに，分布の対称性を考慮して，$t > 0$ の下 2 桁までの t 値に対応する上側確率のみを与えている．$t < 0$ のときには，t の符号を変えればそのまま下側確率となる．また，下 3 桁以上の t 値に対応する値は，単純に比例配分計算で求める．たとえば，$t = 0.111$ のときには，$P(0.11)$ は 0.45620 (= C3)，$P(0.12)$ は 0.45224 (= D3) なので，

$$P(0.111) = P(0.11) + \{P(0.12) - P(0.11)\}\frac{0.111 - 0.11}{0.12 - 0.11}$$
$$= 0.45620 - 0.00396 \times 0.1 \fallingdotseq 0.45580$$

という方法で $P(0.111)$ の近似値を求める．このような比例配分計算は，以下に示す付表 2〜4 の場合にも同様に用いる．

■付表 2 ■ 標準正規分布のパーセント点

青色部分の上側確率 $P(t)$ を与えてパーセント点 t を求める表（逆標準正規分布関数の解を与える）

$$t = \Phi^{-1}(1 - P(t))$$

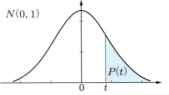

$P(t)$	0.000	0.001	0.002	0.003	0.004	0.005	0.006	0.007	0.008	0.009
0.00	∞	3.09023	2.87816	2.74778	2.65207	2.57583	2.51214	2.45726	2.40892	2.36562
0.01	2.32635	2.29037	2.25713	2.22621	2.19729	2.17009	2.14441	2.12007	2.09693	2.07485
0.02	2.05375	2.03352	2.01409	1.99539	1.97737	1.95996	1.94313	1.92684	1.91104	1.89570
0.03	1.88079	1.86630	1.85218	1.83842	1.82501	1.81191	1.79912	1.78661	1.77438	1.76241
0.04	1.75069	1.73920	1.72793	1.71689	1.70604	1.69540	1.68494	1.67466	1.66456	1.65463
0.05	1.64485	1.63523	1.62576	1.61644	1.60725	1.59819	1.58927	1.58047	1.57179	1.56322
0.06	1.55477	1.54643	1.53820	1.53007	1.52204	1.51410	1.50626	1.49851	1.49085	1.48328
0.07	1.47579	1.46838	1.46106	1.45381	1.44663	1.43953	1.43250	1.42554	1.41865	1.41183
0.08	1.40507	1.39838	1.39174	1.38517	1.37866	1.37220	1.36581	1.35946	1.35317	1.34694
0.09	1.34076	1.33462	1.32854	1.32251	1.31652	1.31058	1.30469	1.29884	1.29303	1.28727
0.10	1.28155	1.27587	1.27024	1.26464	1.25908	1.25357	1.24808	1.24264	1.23723	1.23186
0.11	1.22653	1.22123	1.21596	1.21073	1.20553	1.20036	1.19522	1.19012	1.18504	1.18000
0.12	1.17499	1.17000	1.16505	1.16012	1.15522	1.15035	1.14551	1.14069	1.13590	1.13113
0.13	1.12639	1.12168	1.11699	1.11232	1.10768	1.10306	1.09847	1.09390	1.08935	1.08482
0.14	1.08032	1.07584	1.07138	1.06694	1.06252	1.05812	1.05374	1.04939	1.04505	1.04073
0.15	1.03643	1.03215	1.02789	1.02365	1.01943	1.01522	1.01103	1.00686	1.00271	0.99858
0.16	0.99446	0.99036	0.98627	0.98220	0.97815	0.97411	0.97009	0.96609	0.96210	0.95812
0.17	0.95417	0.95022	0.94629	0.94238	0.93848	0.93459	0.93072	0.92686	0.92301	0.91918
0.18	0.91537	0.91156	0.90777	0.90399	0.90023	0.89647	0.89273	0.88901	0.88529	0.88159
0.19	0.87790	0.87422	0.87055	0.86689	0.86325	0.85962	0.85600	0.85239	0.84879	0.84520
0.20	0.84162	0.83805	0.83450	0.83095	0.82742	0.82389	0.82038	0.81687	0.81338	0.80990
0.21	0.80642	0.80296	0.79950	0.79606	0.79262	0.78919	0.78577	0.78237	0.77897	0.77557
0.22	0.77219	0.76882	0.76546	0.76210	0.75875	0.75542	0.75208	0.74876	0.74545	0.74214
0.23	0.73885	0.73556	0.73228	0.72900	0.72574	0.72248	0.71923	0.71599	0.71275	0.70952
0.24	0.70630	0.70309	0.69988	0.69668	0.69349	0.69031	0.68713	0.68396	0.68080	0.67764
0.25	0.67449	0.67135	0.66821	0.66508	0.66196	0.65884	0.65573	0.65262	0.64952	0.64643
0.26	0.64335	0.64027	0.63719	0.63412	0.63106	0.62801	0.62496	0.62191	0.61887	0.61584
0.27	0.61281	0.60979	0.60678	0.60376	0.60076	0.59776	0.59477	0.59178	0.58879	0.58581
0.28	0.58284	0.57987	0.57691	0.57395	0.57100	0.56805	0.56511	0.56217	0.55924	0.55631
0.29	0.55338	0.55047	0.54755	0.54464	0.54174	0.53884	0.53594	0.53305	0.53016	0.52728
0.30	0.52440	0.52153	0.51866	0.51579	0.51293	0.51007	0.50722	0.50437	0.50153	0.49869
0.31	0.49585	0.49302	0.49019	0.48736	0.48454	0.48173	0.47891	0.47610	0.47330	0.47050
0.32	0.46770	0.46490	0.46211	0.45933	0.45654	0.45376	0.45099	0.44821	0.44544	0.44268
0.33	0.43991	0.43715	0.43440	0.43164	0.42889	0.42615	0.42340	0.42066	0.41793	0.41519
0.34	0.41246	0.40974	0.40701	0.40429	0.40157	0.39886	0.39614	0.39343	0.39073	0.38802
0.35	0.38532	0.38262	0.37993	0.37723	0.37454	0.37186	0.36917	0.36649	0.36381	0.36113
0.36	0.35846	0.35579	0.35312	0.35045	0.34779	0.34513	0.34247	0.33981	0.33716	0.33450
0.37	0.33185	0.32921	0.32656	0.32392	0.32128	0.31864	0.31600	0.31337	0.31074	0.30811
0.38	0.30548	0.30286	0.30023	0.29761	0.29499	0.29237	0.28976	0.28715	0.28454	0.28193
0.39	0.27932	0.27671	0.27411	0.27151	0.26891	0.26631	0.26371	0.26112	0.25853	0.25594
0.40	0.25335	0.25076	0.24817	0.24559	0.24301	0.24043	0.23785	0.23527	0.23269	0.23012
0.41	0.22754	0.22497	0.22240	0.21983	0.21727	0.21470	0.21214	0.20957	0.20701	0.20445
0.42	0.20189	0.19934	0.19678	0.19422	0.19167	0.18912	0.18657	0.18402	0.18147	0.17892
0.43	0.17637	0.17383	0.17128	0.16874	0.16620	0.16366	0.16112	0.15858	0.15604	0.15351
0.44	0.15097	0.14843	0.14590	0.14337	0.14084	0.13830	0.13577	0.13324	0.13072	0.12819
0.45	0.12566	0.12314	0.12061	0.11809	0.11556	0.11304	0.11052	0.10799	0.10547	0.10295
0.46	0.10043	0.09791	0.09540	0.09288	0.09036	0.08784	0.08533	0.08281	0.08030	0.07778
0.47	0.07527	0.07276	0.07024	0.06773	0.06522	0.06271	0.06020	0.05768	0.05517	0.05266
0.48	0.05015	0.04764	0.04513	0.04263	0.04012	0.03761	0.03510	0.03259	0.03008	0.02758
0.49	0.02507	0.02256	0.02005	0.01755	0.01504	0.01253	0.01003	0.00752	0.00501	0.00251

この表で，A の列は 0.01 刻みの $P(t)$ 値を表し，1 の行は $P(t)$ 値の下 3 桁を表している．たとえば，$P(0.105)$ のときの t 値が 1.25357（= G12）である．なお，この表では分布の対称性を考慮して，$t \geq 0$ を満足する上側確率の範囲を与えている．

■付表 3 ■ ガンマ関数

ガンマ関数の式 (A.4) の値を与える表

$$\Gamma(1+x) = 1 - 0.5748646x + 0.9512363x^2 - 0.6998588x^3 \\ + 0.4245549x^4 - 0.1010678x^5$$

	A	B	C	D	E	F	G	H
1	x	$\Gamma(1+x)$	x	$\Gamma(1+x)$	x	$\Gamma(1+x)$	x	$\Gamma(1+x)$
2	0.00	1.000000	0.25	0.906361	0.50	0.886271	0.75	0.919017
3	0.01	0.994346	0.26	0.904358	0.51	0.886634	0.76	0.921331
4	0.02	0.988878	0.27	0.902468	0.52	0.887078	0.77	0.923721
5	0.03	0.983592	0.28	0.900687	0.53	0.887604	0.78	0.926188
6	0.04	0.978484	0.29	0.899015	0.54	0.888211	0.79	0.928731
7	0.05	0.973550	0.30	0.897449	0.55	0.888897	0.80	0.931352
8	0.06	0.968787	0.31	0.895988	0.56	0.889664	0.81	0.934049
9	0.07	0.964191	0.32	0.894630	0.57	0.890510	0.82	0.936823
10	0.08	0.959757	0.33	0.893373	0.58	0.891435	0.83	0.939675
11	0.09	0.955484	0.34	0.892216	0.59	0.892438	0.84	0.942603
12	0.10	0.951367	0.35	0.891158	0.60	0.893520	0.85	0.945609
13	0.11	0.947404	0.36	0.890196	0.61	0.894680	0.86	0.948691
14	0.12	0.943590	0.37	0.889330	0.62	0.895918	0.87	0.951852
15	0.13	0.939923	0.38	0.888559	0.63	0.897233	0.88	0.955089
16	0.14	0.936400	0.39	0.887881	0.64	0.898626	0.89	0.958404
17	0.15	0.933018	0.40	0.887295	0.65	0.900096	0.90	0.961797
18	0.16	0.929774	0.41	0.886799	0.66	0.901642	0.91	0.965267
19	0.17	0.926666	0.42	0.886394	0.67	0.903266	0.92	0.968816
20	0.18	0.923689	0.43	0.886077	0.68	0.904967	0.93	0.972441
21	0.19	0.920843	0.44	0.885848	0.69	0.906744	0.94	0.976145
22	0.20	0.918125	0.45	0.885706	0.70	0.908598	0.95	0.979926
23	0.21	0.915531	0.46	0.885650	0.71	0.910529	0.96	0.983785
24	0.22	0.913060	0.47	0.885679	0.72	0.912536	0.97	0.987722
25	0.23	0.910709	0.48	0.885793	0.73	0.914620	0.98	0.991737
26	0.24	0.908477	0.49	0.885990	0.74	0.916780	0.99	0.995830
27	0.25	0.906361	0.50	0.886271	0.75	0.919017	1.00	1.000000

この表では，A，C，E，G の列は 0.01 刻みの x 値を表し，B，D，F，H の列は，それぞれ A，C，E，G の列に対応する $\Gamma(1+x)$ 値を表している．

■付表 4 ■ χ^2 分布のパーセント点

自由度 ν と青色部分の上側確率 α を与えて χ^2 を求める表

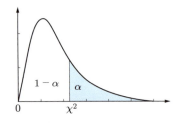

自由度	0.99	0.95	0.9	0.8	0.7	0.6	0.5
1	0.00015709	0.0039321	0.0157908	0.0641848	0.148472	0.274996	0.454936
2	0.0201007	0.102587	0.210721	0.446287	0.713350	1.02165	1.38629
3	0.114832	0.351846	0.584374	1.00517	1.42365	1.86917	2.36597
4	0.297109	0.710723	1.06362	1.64878	2.19470	2.75284	3.35669
5	0.554298	1.14548	1.61031	2.34253	2.99991	3.65550	4.35146
6	0.872090	1.63538	2.20413	3.07009	3.82755	4.57015	5.34812
7	1.23904	2.16735	2.83311	3.82232	4.67133	5.49323	6.34581
8	1.64650	2.73264	3.48954	4.59357	5.52742	6.42265	7.34412
9	2.08790	3.32511	4.16816	5.38005	6.39331	7.35703	8.34283
10	2.55821	3.94030	4.86518	6.17908	7.26722	8.29547	9.34182
11	3.05348	4.57481	5.57778	6.98867	8.14787	9.23729	10.3410
12	3.57057	5.22603	6.30380	7.80733	9.03428	10.1820	11.3403
13	4.10692	5.89186	7.04150	8.63386	9.92568	11.1291	12.3398
14	4.66043	6.57063	7.78953	9.46733	10.8215	12.0785	13.3393
15	5.22935	7.26094	8.54676	10.3070	11.7212	13.0297	14.3389
16	5.81221	7.96165	9.31224	11.1521	12.6243	13.9827	15.3385
17	6.40776	8.67176	10.0852	12.0023	13.5307	14.9373	16.3382
18	7.01491	9.39046	10.8649	12.8570	14.4399	15.8932	17.3379
19	7.63273	10.1170	11.6509	13.7158	15.3517	16.8504	18.3377
20	8.26040	10.8508	12.4426	14.5784	16.2659	17.8088	19.3374
21	8.89720	11.5913	13.2396	15.4446	17.1823	18.7683	20.3372
22	9.54249	12.3380	14.0415	16.3140	18.1007	19.7288	21.3370
23	10.1957	13.0905	14.8480	17.1865	19.0211	20.6902	22.3369
24	10.8564	13.8484	15.6587	18.0618	19.9432	21.6525	23.3367
25	11.5240	14.6114	16.4734	18.9398	20.8670	22.6156	24.3366
26	12.1981	15.3792	17.2919	19.8202	21.7924	23.5794	25.3365
27	12.8785	16.1514	18.1139	20.7030	22.7192	24.5440	26.3363
28	13.5647	16.9279	18.9392	21.5880	23.6475	25.5093	27.3362
29	14.2565	17.7084	19.7677	22.4751	24.5770	26.4751	28.3361
30	14.9535	18.4927	20.5992	23.3641	25.5078	27.4416	29.3360
35	18.5089	22.4650	24.7967	27.8359	30.1782	32.2821	34.3356
40	22.1643	26.5093	29.0505	32.3450	34.8719	37.1340	39.3353
50	29.7067	34.7643	37.6886	41.4492	44.3133	46.8638	49.3349
60	37.4849	43.1880	46.4589	50.6406	53.8091	56.6200	59.3347
70	45.4417	51.7393	55.3289	59.8978	63.3460	66.3961	69.3345
80	53.5401	60.3915	64.2778	69.2069	72.9153	76.1879	79.3343
90	61.7541	69.1260	73.2911	78.5584	82.5111	85.9925	89.3342
100	70.0649	77.9295	82.3581	87.9453	92.1289	95.8078	99.3341
120	86.9233	95.7046	100.624	106.806	111.419	115.465	119.334
140	104.034	113.659	119.029	125.758	130.766	135.149	139.334
160	121.346	131.756	137.546	144.783	150.158	154.856	159.334
180	138.820	149.969	156.153	163.868	169.588	174.580	179.334
200	156.432	168.279	174.835	183.003	189.049	194.319	199.334

付表4 χ^2 分布のパーセント点

この表で，AとPの列は自由度 ν を表し，1の行は上側確率 α 値を表している．したがって，たとえば，自由度 $\nu = 5$ で $\alpha = 0.99$ を満足する χ^2 値の $\chi^2_{0.99}(5)$ は 0.554298（= B6）である．

	I	J	K	L	M	N	O	P
1	0.4	0.3	0.2	0.1	0.05	0.01	0.001	自由度
2	0.708326	1.07419	1.64237	2.70554	3.84146	6.63490	10.8276	1
3	1.83258	2.40795	3.21888	4.60517	5.99146	9.21034	13.8155	2
4	2.94617	3.66487	4.64163	6.25139	7.81473	11.3449	16.2662	3
5	4.04463	4.87843	5.98862	7.77944	9.48773	13.2767	18.4668	4
6	5.13187	6.06443	7.28928	9.23636	11.0705	15.0863	20.5150	5
7	6.21076	7.23114	8.55806	10.6446	12.5916	16.8119	22.4577	6
8	7.28321	8.38343	9.80325	12.0170	14.0671	18.4753	24.3219	7
9	8.35053	9.52446	11.0301	13.3616	15.5073	20.0902	26.1245	8
10	9.41364	10.6564	12.2421	14.6837	16.9190	21.6660	27.8772	9
11	10.4732	11.7807	13.4420	15.9872	18.3070	23.2093	29.5883	10
12	11.5298	12.8987	14.6314	17.2750	19.6751	24.7250	31.2641	11
13	12.5838	14.0111	15.8120	18.5493	21.0261	26.2170	32.9095	12
14	13.6356	15.1187	16.9848	19.8119	22.3620	27.6882	34.5282	13
15	14.6853	16.2221	18.1508	21.0641	23.6848	29.1412	36.1233	14
16	15.7332	17.3217	19.3107	22.3071	24.9958	30.5779	37.6973	15
17	16.7795	18.4179	20.4651	23.5418	26.2962	31.9999	39.2524	16
18	17.8244	19.5110	21.6146	24.7690	27.5871	33.4087	40.7902	17
19	18.8679	20.6014	22.7595	25.9894	28.8693	34.8053	42.3124	18
20	19.9102	21.6891	23.9004	27.2036	30.1435	36.1909	43.8202	19
21	20.9514	22.7745	25.0375	28.4120	31.4104	37.5662	45.3147	20
22	21.9915	23.8578	26.1711	29.6151	32.6706	38.9322	46.7970	21
23	23.0307	24.9390	27.3015	30.8133	33.9244	40.2894	48.2679	22
24	24.0689	26.0184	28.4288	32.0069	35.1725	41.6384	49.7282	23
25	25.1063	27.0960	29.5533	33.1962	36.4150	42.9798	51.1786	24
26	26.1430	28.1719	30.6752	34.3816	37.6525	44.3141	52.6197	25
27	27.1789	29.2463	31.7946	35.5632	38.8851	45.6417	54.0520	26
28	28.2141	30.3193	32.9117	36.7412	40.1133	46.9629	55.4760	27
29	29.2486	31.3909	34.0266	37.9159	41.3371	48.2782	56.8923	28
30	30.2825	32.4612	35.1394	39.0875	42.5570	49.5879	58.3012	29
31	31.3159	33.5302	36.2502	40.2560	43.7730	50.8922	59.7031	30
32	36.4746	38.8591	41.7780	46.0588	49.8018	57.3421	66.6188	35
33	41.6222	44.1649	47.2685	51.8051	55.7585	63.6907	73.4020	40
34	51.8916	54.7228	58.1638	63.1671	67.5048	76.1539	86.6608	50
35	62.1348	65.2265	68.9721	74.3970	79.0819	88.3794	99.6072	60
36	72.3583	75.6893	79.7146	85.5270	90.5312	100.425	112.317	70
37	82.5663	86.1197	90.4053	96.5782	101.879	112.329	124.839	80
38	92.7614	96.5238	101.054	107.565	113.145	124.116	137.208	90
39	102.946	106.906	111.667	118.498	124.342	135.807	149.449	100
40	123.289	127.616	132.806	140.233	146.567	158.950	173.617	120
41	143.604	148.269	153.854	161.827	168.613	181.840	197.451	140
42	163.898	168.876	174.828	183.311	190.516	204.530	221.019	160
43	184.173	189.446	195.743	204.704	212.304	227.056	244.370	180
44	204.434	209.985	216.609	226.021	233.994	249.445	267.541	200

演習問題の解答

◆第 1 章◆

1.1 $N = 10$ なので，信頼度は，式 (1.1) より，

運用 50 時間，10 個中 9 個使用可，$R(50) = 9/10 = 0.9 = 90\ \%$
運用 70 時間，10 個中 4 個使用可，$R(70) = 4/10 = 0.4 = 40\ \%$
運用 85 時間，10 個中 1 個使用可，$R(85) = 1/10 = 0.1 = 10\ \%$

1.2 総保全数 25 台のうち，18 台は 60 分以内に保全が終了しているので，保全度は，式 (1.2) より，

$$M(60) = 18/25 = 0.72 = 72\ \%$$

1.3 運用時間 t において残存している可動アイテム数 $N(t)$，t に続く単位区間時間 $\Delta t = 10$ 時間，その間に起こる故障数 $n(t)$ とするとき，故障率は，式 (1.3) より，

運用 40 時間，$N(40) = 4$，$n(40) = 1$，　$\lambda(40) = 1/(4 \times 10) = 0.025 = 2.5\ \%$/時間
運用 60 時間，$N(60) = 2$，$n(60) = 2$，　$\lambda(60) = 2/(2 \times 10) = 0.1 = 10\ \%$/時間

1.4 アップ時間 $t = 144$ 時間，動作不能時間 24 時間，全時間 $T = 168$ 時間だから，アベイラビリティは，式 (1.4) より，

$$A = 144/168 \fallingdotseq 0.8571 = 85.71\ \%$$

◆第 2 章◆

2.1 1000 台のバスのうち，故障するものが 3 台以下なので，0，1，2，3 台故障する場合の確率を求めると，故障の確率 $p = 0.01$，故障しない確率 $q = 1 - p = 0.99$ ゆえに，式 (2.20) より，

$$P = \sum_{i=997}^{1000} {}_{1000}\mathrm{C}_i p^{1000-i} q^i \fallingdotseq 0.0100727 > 0.01$$

となるので，珍しい事象ではないといえる．

2.2 全 7 個のアイテムの中から 3 個を選ぶとき，起こり得る場合の数は ${}_7\mathrm{C}_3$ 通り，このうち A 工場製 4 個の中から 2 個と B 工場製 3 個の中から 1 個を選ぶ場合の数は ${}_4\mathrm{C}_2 \times {}_3\mathrm{C}_1$ 通りなので，求める確率は，

$$P = \frac{{}_4\mathrm{C}_2 \times {}_3\mathrm{C}_1}{{}_7\mathrm{C}_3} = \frac{6 \times 3}{35} \fallingdotseq 0.5143 = 51.43\ \%$$

2.3 四輪駆動という事象を E，冬タイヤ装着という事象を F とすると，四輪駆動の確率

$P(E) = 0.4$，冬タイヤを装着した四輪駆動車の確率 $P(F|E) = 0.8$ なので，式 (2.16) より，求める確率は，

$$P = P(E \cap F) = 0.4 \times 0.8 = 0.32 = 32\ \%$$

2.4 「少なくとも 1 個は A 工場製」という事象は，「2 個とも B 工場製」という事象の余事象である．2 個とも B 工場製の確率 P_1 は，

$$P_1 = \frac{{}_{100}\mathrm{C}_2}{{}_{250}\mathrm{C}_2} = \frac{100 \times 99}{250 \times 249} \fallingdotseq 0.159$$

となるので，求める確率は，

$$P = 1 - P_1 = 1 - 0.159 = 0.841 = 84.1\ \%$$

2.5 求める平均直径は，式 (2.34) より，

$$\mu = \frac{45 \times 50.022 + 50 \times 49.995}{95} \fallingdotseq 50.008\ \mathrm{mm}$$

一方，標準偏差は，式 (2.36) より，

$$\sigma = \sqrt{\frac{1}{95}\left\{45 \times 0.121^2 + 50 \times 0.047^2 + \frac{45 \times 50}{95}(50.022 - 49.995)^2\right\}}$$

$$\fallingdotseq 0.09099\ \mathrm{mm}$$

2.6 (1) $X + Y = 4$ は，$(X, Y) = (1, 3), (2, 2), (3, 1), (4, 0)$ のときであるから，

$$P(X + Y = 4) = 0.2 \times 0.1 + 0.4 \times 0.1 + 0.2 \times 0.2 + 0.1 \times 0.6 = 0.16$$

(2) $E[X] = 2$, $E[Y] = 0.7$ だから，式 (2.39) より，

$$E[XY] = 2 \times 0.7 = 1.4$$

◆第 3 章◆

3.1 不具合の生じた時刻を x 秒とすると，x は $0 < x \leqq 60$ の値をとる変量で，どの値をとることも同様に確からしい．ゆえに，確率密度は $f(x) = c = $ 定数であって，式 (3.2) より，

$$\int_0^{60} f(x)\,dx = \int_0^{60} c\,dx = 60\,c = 1, \qquad \therefore c = \frac{1}{60}$$

一方，この不具合発見までの時間を t 秒とすると，$0 < x \leqq 15$ のとき $t = 15 - x$，$15 < x \leqq 35$ のとき $t = 35 - x$，$35 < x \leqq 60$ のとき $t = 60 - x$ なので，求める期待値は，式 (2.46) より，

$$E[T] = \int_0^{60} t f(x)\,dx$$

$$= \frac{1}{60}\left\{\int_0^{15}(15 - x)\,dx + \int_{15}^{35}(35 - x)\,dx + \int_{35}^{60}(60 - x)\,dx\right\}$$

$$= \frac{125}{12} \fallingdotseq 10.42 \text{ 秒}$$

3.2 (1) $0 \leqq x \leqq 1$ において $f(x) = ax^2+bx+c$ とするとき, $f(0) = c = 0$, $f(1) = a+b = 0$ だから, $f(x) = ax^2 - ax$ であり, $\int_0^1 f(x)\,dx = \int_0^1 (ax^2+ax)\,dx = a\left[\frac{1}{3}x^3 - \frac{1}{2}x^2\right]_0^1 = -\frac{a}{6} = 1$ より $a = -6$, $b = 6$ となり, 確率密度関数は,

$$f(x) = -6x^2 + 6x$$

(2) このとき, 期待値と分散は, それぞれ式 (2.46) と式 (2.47) より,

$$E[X] = \int_0^1 (-6x^3 + 6x^2)\,dx = \left[-1.5x^4 + 2x^3\right]_0^1 = 0.5$$

$$V[X] = \int_0^1 (x-0.5)^2(-6x^2 + 6x)\,dx$$

$$= \int_0^1 (-6x^4 + 12x^3 - 7.5x^2 + 1.5x)\,dx$$

$$= \left[-1.2x^5 + 3x^4 - 2.5x^3 + 0.75x^2\right]_0^1 = 0.05$$

3.3 アイテム 5 台の総運用時間は 2000 時間だから, 平均故障寿命は, 式 (3.16) より,

$$\text{MTTF} = 2000/5 = 400 \text{ 時間}$$

3.4 総運用時間 1200 時間で故障 5 件だから, 平均故障間動作時間は, 式 (3.18) より,

$$\text{MTBF} = 1200/5 = 240 \text{ 時間}$$

3.5 総保全数 30 件, 総保全時間 660 分なので, 平均修復時間は, 式 (3.21) より,

$$\text{MTTR} = 660/30 = 22 \text{ 分}$$

◆**第 4 章**◆

4.1 二項分布に従うとき, 不良率 $p = 0.002$ なので, 不良品が 4 台以下の確率は, 式 (4.2) より,

$$F(4) = \sum_{x=0}^{4} {}_{1000}\text{C}_x p^x (1-p)^{1000-x}$$

$$= {}_{1000}\text{C}_0 \times 0.998^{1000} + \cdots + {}_{1000}\text{C}_4 \times 0.002^4 \times 0.998^{996}$$

$$\fallingdotseq 0.9475 = 94.75\ \%$$

ポアソン分布に従うときには, 不良品の期待値 $\mu = 1000 \times 0.002 = 2$ 台であり, 不良品が 4 台以下の確率は, 式 (4.6) より,

$$F(4) = \sum_{x=0}^{4} \frac{2^x}{x!} \exp(-2) = \left(\frac{2^0}{0!} + \frac{2^1}{1!} + \frac{2^2}{2!} + \frac{2^3}{3!} + \frac{2^4}{4!}\right) \exp(-2)$$

$$\fallingdotseq 0.9473 = 94.73\ \%$$

両者の大きさを比較すると，その差は，$|1 - 0.9473/0.9475| \fallingdotseq 0.0002111 = 0.02111\ \%$ であり，二項分布とポアソン分布の結果は一致するとみなせる．

4.2 たがいに独立なポアソン分布に従う確率変数を混合した分布もまたポアソン分布に従うので，その年間平均故障数は，

$$\mu = \mu_A + \mu_B = n_A \lambda_A + n_B \lambda_B = 2 \times 0.5 + 2 \times 0.3 = 1.6\ \text{台}$$

となる．ゆえに，故障数が 4 件以下である確率は，式 (4.6) より，

$$F(4) = \sum_{x=0}^{4} \frac{1.6^x}{x!} \exp(-1.6) = \left(\frac{1.6^0}{0!} + \frac{1.6^1}{1!} + \frac{1.6^2}{2!} + \frac{1.6^3}{3!} + \frac{1.6^4}{4!} \right) \exp(-1.6)$$
$$\fallingdotseq 0.9763 = 97.63\ \%$$

4.3 ポアソン分布において，総動作時間 $t = 15 \times 20 = 300$ 時間だから，式 (4.7) より平均故障数 $\mu = 0.005 \times 300 = 1.5$ 台である．ゆえに，式 (4.5) より，

(1) 故障しない確率: $f(0) = \exp(-1.5) \fallingdotseq 0.2231 = 22.31\ \%$

(2) 1 台故障する確率: $f(1) = 1.5 \exp(-1.5) \fallingdotseq 0.3347 = 33.47\ \%$

4.4 (1) アイテム数 $n = 14$ で，総動作時間 3360 時間だから，故障率 $\lambda = 14 \div 3360 = 1/240$ /時間となり，平均故障寿命と標準偏差は，それぞれ式 (4.17) と式 (4.16) より，

$$\text{MTTF} = 1/\lambda = 240\ \text{時間}, \qquad \sigma = 1/\lambda = 240\ \text{時間}$$

(2) 300 時間における信頼度は，式 (4.12) より，

$$R(300) = \exp(-300/240) \fallingdotseq 0.2865 = 28.65\ \%$$

(3) 信頼度が 90 % になる時間は，$0.9 = \exp(-t/240)$ より，

$$t \fallingdotseq 25.29\ \text{時間}$$

4.5 式 (4.22) に従って標準化すると，A 社で $x = 50$ 時間のとき，$t = (50-65)/5 = -3$ となる．したがって，

$$R_A(50) = P(T \geqq -3) = 1 - \Phi(-3) = \Phi(3) = 0.99865$$

一方，B 社で $x = 50$ 時間のとき，$t = (50-70)/10 = -2$，したがって，

$$R_B(50) = P(T \geqq -2) = 1 - \Phi(-2) = \Phi(2) = 0.97725$$

よって，寿命が 50 時間以上になる確率は，平均の低い A 社のほうが高いので，A 社のアイテムのほうが優れている．

4.6 (1) たがいに独立な正規分布に従う分布を混合した分布も正規分布に従うので，修復時間の期待値と標準偏差は，それぞれ式 (2.38) と式 (2.41) より，

$$\text{MTTR} = 6 + 20 + 3 = 29 \text{ 分}$$
$$\sigma = \sqrt{5 + 7 + 4} = 4 \text{ 分}$$

(2) したがって，10 台の総検査時間は，$N(290, 160)$ に従うので，標準化すると，$x = 300$ 分のとき $t = (300 - 290)/\sqrt{160} \fallingdotseq 0.7906$. よって，

$$P = P(T \geqq 0.7906) = 1 - \Phi(0.7906) \fallingdotseq 0.2146 = 21.46 \text{ \%}$$

4.7 (1) $\Gamma(1 + 1/\alpha) = \Gamma(1.25) \fallingdotseq 0.906361$, $\Gamma(1 + 2/\alpha) = \Gamma(1.5) \fallingdotseq 0.886271$ なので，平均故障寿命と標準偏差は，それぞれ式 (4.54) と式 (4.49) より，

$$\text{MTTF} = 15 + 80\Gamma(1.25) \fallingdotseq 87.51 \text{ 時間}$$
$$\sigma = 80\sqrt{\Gamma(1.5) - \{\Gamma(1.25)^2\}} \fallingdotseq 20.36 \text{ 時間}$$

(2) 信頼度と故障率は，それぞれ式 (4.50) と式 (4.53) より，

$$R(100) = \exp\left[-\{(100 - 15)/80\}^4\right] \fallingdotseq 0.2796 = 27.96 \text{ \%}$$
$$\lambda(100) = (4/80) \times \{(100 - 15)/80\}^3 \fallingdotseq 0.05997 = 5.997 \text{ \%/時間}$$

◆**第 5 章**◆

5.1 総保全数 $n = \sum(\text{保全数}) = 80$ で，保全数の時間分布から累積確率 F 値，さらに $y = \Phi^{-1}(F)$ を求めると，解表 1 のようになる．

解表 1

保全時間	7	7.5	8	8.5	9	9.5	10	10.5	11	11.5
累積確率	0.0494	0.1235	0.1975	0.3827	0.5679	0.6049	0.7778	0.8765	0.9259	0.9877
$y = \Phi^{-1}(F)$	−1.6501	−1.1579	−0.8505	−0.2983	0.1710	0.2662	0.7646	1.1579	1.4461	2.2453

したがって，式 (5.3)，(5.4) より回帰直線を求めるのに必要な係数は，$\mu_x \fallingdotseq 9.2188$, $\mu_y \fallingdotseq 0.2152$, $\sum_{i=1}^{10} p_i x_i y_i \fallingdotseq 3.1320$, $\sum_{i=1}^{10} p_i x_i^2 \fallingdotseq 86.428$ だから，回帰直線は，$y = -7.1193 + 0.7956x$ となる．このとき，式 (5.6) より，

$$\mu = 7.1193/0.7956 \fallingdotseq 8.948 \text{ 時間}, \quad \sigma = 1/0.7956 \fallingdotseq 1.2569 \text{ 時間}$$

5.2 総故障数 $n = \sum(\text{故障数}) = 80$ で，故障数の時間分布から F 値および $y = \Phi^{-1}(F)$ を求めると，解表 2 のようになる．

解表 2

$x = \ln z$	2.303	3.401	3.912	4.248	4.500	4.700	4.868	5.011	5.136	5.247
累積確率	0.0494	0.3086	0.5185	0.6543	0.7531	0.8025	0.8519	0.8765	0.9136	0.9877
$y = \Phi^{-1}(F)$	−1.6509	−0.4997	0.0464	0.3970	0.6842	0.8505	1.0444	1.1579	1.3631	2.2463

したがって，式 (5.3)，(5.4) より，回帰直線を求めるのに必要な係数は，$\mu_x \fallingdotseq 4.063$, $\mu_y \fallingdotseq 0.2624$, $\sum_{i=1}^{10} p_i x_i y_i \fallingdotseq 1.688$, $\sum_{i=1}^{10} p_i x_i^2 \fallingdotseq 17.03$ だから，回帰直線は，$y =$

$-4.5749 + 1.1905x$ となる．このとき，式 (5.8) より，平均 $\mu_L \fallingdotseq 3.843$，標準偏差 $\sigma_L \fallingdotseq 0.8400$ なので，真数の期待値と標準偏差は，それぞれ式 (4.38) と式 (4.40) に適用すれば，

$$\mu = \exp\left(3.843 + \frac{0.84^2}{2}\right) \fallingdotseq 66.41 \text{ 分}$$

$$\sigma = \sqrt{\exp\left(2 \times 3.843 + 0.84^2\right)\{\exp\left(0.84^2\right) - 1\}} \fallingdotseq 67.23 \text{ 分}$$

5.3 (1) 疲労寿命を小さな値から大きさ順に整理し，$x = \ln t$，累積確率 F および $y = \ln\{\ln(1-F)^{-1}\}$ の関係を求めると，解表 3 のようになる．

解表 3

$x = \ln t$	2.337	2.387	2.417	2.538	2.539	2.597	2.638	2.676
累積確率	0.0625	0.125	0.1875	0.25	0.3125	0.375	0.4375	0.5
$y = \ln\{\ln(1-F)^{-1}\}$	-2.740	-2.013	-1.572	-1.246	-0.982	-0.755	-0.553	-0.376

$x = \ln t$	2.713	2.795	2.868	2.903	2.925	2.954	2.969
累積確率	0.5625	0.625	0.6875	0.75	0.8125	0.875	0.9375
$y = \ln\{\ln(1-F)^{-1}\}$	-0.190	-0.019	0.151	0.327	0.515	0.732	1.020

したがって，式 (5.3)，(5.4) より回帰直線を求めるのに必要な係数は，$\mu_x \fallingdotseq 2.6838$，$\mu_y \fallingdotseq -0.5128$，$\sum_{i=1}^{16} p_i x_i y_i \fallingdotseq -1.1704$，$\sum_{i=1}^{16} p_i x_i^2 \fallingdotseq 7.2456$ だから，回帰直線は，$y = -13.4801 + 4.8316x$ であり，式 (5.10) の関係より 2 母数は，

$$\alpha = 4.8316, \qquad \beta = 16.2805 \text{ kcycle}$$

(2) $\Gamma(1+1/\alpha) = \Gamma(1.2070) \fallingdotseq 0.9163$，$\Gamma(1+2/\alpha) = \Gamma(1.4139) \fallingdotseq 0.8866$ だから，寿命の期待値と分散は，それぞれ式 (4.47) と式 (4.49) より，

$$\theta = 16.28\,\Gamma(1.2070) \fallingdotseq 14.92 \text{ kcycle}$$

$$\sigma = 16.28\sqrt{\Gamma(1.4139) - \{\Gamma(1.2070)\}^2} \fallingdotseq 3.529 \text{ kcycle}$$

5.4 期待値と標準偏差の最尤推定値は，それぞれ式 (5.16) と式 (5.17) より，

$$\hat{\mu} = \frac{1}{14}\sum_{i=1}^{14} x_i = \frac{382.5}{14} \fallingdotseq 27.32 \text{ 時間}$$

$$\hat{\sigma} = \sqrt{\frac{1}{14}\sum_{i=1}^{14}(x_i - 27.32)^2} = \sqrt{\frac{278.8}{14}} \fallingdotseq 4.463 \text{ 時間}$$

5.5 (1) 期待値と標準偏差の最尤推定値は，それぞれ式 (5.18)，(5.19) より，

$$\hat{\mu}_L = \frac{1}{50}\sum_{i=1}^{50} n_i \ln z_i = \frac{167.33\cdots}{50} \fallingdotseq 3.347$$

$$\hat{\sigma}_L = \sqrt{\frac{1}{50}\sum_{i=1}^{50} n_i (x_i - 3.3466\cdots)^2} = \sqrt{\frac{1.4594\cdots}{50}} \fallingdotseq 0.1708$$

(2) 真数の期待値と標準偏差は，それぞれ式 (4.38) と式 (4.40) より，

$$\mu = \exp\left(3.3466\cdots + \frac{0.1708\cdots^2}{2}\right) \fallingdotseq 28.83 \text{ 時間},$$

$$\sigma = \sqrt{\exp(2 \times 3.3466\cdots + 0.1708\cdots^2)\{\exp(0.1708\cdots^2) - 1\}} \fallingdotseq 4.961 \text{ 時間}$$

5.6 (1) 最尤推定値 $\hat{\alpha}$ と $\hat{\beta}$ は，式 (5.23) を付録 A.2 に示した数値計算法で $\hat{\alpha}$ を求めた後，式 (5.22) より $\hat{\beta}$ を求めると，

$$\hat{\alpha} \fallingdotseq 8.436, \qquad \hat{\beta} \fallingdotseq 27.43 \text{ 時間}$$

(2) $\Gamma(1.1185) \fallingdotseq 0.94416$，$\Gamma(1.2371) \fallingdotseq 0.90917$ だから，期待値と標準偏差は，それぞれ，式 (4.47) と式 (4.49) より，

$$\mu = 27.43\,\Gamma(1.1185) \fallingdotseq 25.89 \text{ 時間}$$

$$\sigma = 27.43\sqrt{\Gamma(1.2371) - \{\Gamma(1.1185)\}^2} \fallingdotseq 3.652 \text{ 時間}$$

5.7 χ^2 検定の計算結果を解表 4 に示す．総保全数 $n = \sum(\text{保全数}) = 80$ 件 $(=\text{B24})$ であり，

解表 4 χ^2 検定の Excel による計算結果（正規分布）

	A	B	C	D	E	F	G	H	I
1	保全時間 x	保全数 y		$y(x-\mu)^2$	$t=(x-\mu)/\sigma$	$P(t)$	P_i	nP_i	χ^2
2	10.00				-2.11949	0.017055			
3	10.25	3	30.75	15.870			0.04420	3.3560	0.0812
4	10.50				-1.70390	0.044200			
5	10.75	6	64.50	19.440			0.05462	4.3694	0.6085
6	11.00				-1.28832	0.098818			
7	11.25	7	78.75	11.830			0.09259	7.4070	0.0224
8	11.50				-0.87273	0.191405			
9	11.75	12	141.00	7.680			0.13238	10.5903	0.1877
10	12.00				-0.45714	0.323784			
11	12.25	15	183.75	1.350			0.15964	12.7713	0.3889
12	12.50				-0.04156	0.483425			
13	12.75	5	63.75	0.200			0.16238	12.9906	4.9151
14	13.00				0.37403	0.645808			
15	13.25	13	172.25	6.370			0.13932	11.1452	0.3087
16	13.50				0.78961	0.785123			
17	13.75	8	110.00	11.520			0.10081	8.0651	0.0005
18	14.00				1.20520	0.885937			
19	14.25	6	85.50	17.340			0.06153	4.9225	0.2359
20	14.50				1.62078	0.947468			
21	14.75	5	73.75	24.200			0.05253	4.2026	0.1513
22	15.00				2.03637	0.979130			
23		$n = \Sigma y$	平均	分散	標準偏差				$N = \Sigma \chi^2$
24		80	12.55	1.4475	1.203121			80	6.9001

平均は式 (2.24) より，$\mu = 12.55$ 時間 ($= $C24)，式 (2.28) より，分散 $V[X] = \sigma^2 = 1.4475$ ($=$D24)，標準偏差 $\sigma = 1.203\cdots$ 時間 ($=$E24) である（ただし，C と D の列は平均と標準偏差を求めるために使用している）．また，E の列は式 (4.22) による確率変数を標準化した結果である．ここで，式 (4.18) の正規分布の確率密度関数を用いると，式 (5.25) の理論確率 P_i は，次式で与えられる．

$$P_i = \int_{x_{i-1}}^{x_i} f(t)\,dt = \int_{x_{i-1}}^{x_i} \frac{1}{\sqrt{2\pi}\sigma} \exp\left\{-\frac{(x_i-\mu)^2}{2\sigma^2}\right\} dt$$
$$= \Phi\left(\frac{x_i - \mu}{\sigma}\right) - \Phi\left(\frac{x_{i-1} - \mu}{\sigma}\right)$$

式 (4.27) で F の列に示すように，下側確率を求めれば，G の列の P_i，さらに H の列の nP_i が求まるが，$x \geqq 14.5$ に相当する nP_i は総保全数が 80 になるように調整し，5.567 ($=$H21) としている．これより，$(y_i - nP_i)^2/nP_i$ を求めて式 (5.26) の χ^2 を計算すると，$\chi^2 = 6.9001$ となる．一方，自由度 $\nu = 7$ の χ^2 分布の $\alpha = 5\,\%$ 点は，$\chi^2_{0.05}(7) = 14.0671$ である．ゆえに，有意水準 5 % で仮説を棄却することはできない．

◆第 6 章◆

6.1　指数分布に従う直列系の故障率は，系を構成している各アイテムの故障率の和であり，故障率 $\lambda = 1/$MTBF である．したがって，直列系の故障率 $\lambda = 1/220 + 1/180 + 1/300 = 0.013434\cdots$/時間となるので，MTBF は，

$$\text{MTBF} = 1/0.013434\cdots \fallingdotseq 74.44 \text{ 時間}$$

6.2　3 要素それぞれの信頼度 R_1, R_2, R_3 は，式 (4.30) より，$R_1 = \Phi(1) \fallingdotseq 0.8413$，$R_2 = \Phi(1.875) \fallingdotseq 0.9696$，$R_3 = \Phi(2.988) \fallingdotseq 0.99865$ となる．ゆえに，運用 75 時間での信頼度は，式 (6.5) より，

$$R(75) = R_1 R_2 R_3 = 0.8413 \times 0.9696 \times 0.99865 \fallingdotseq 0.8146 = 81.46\,\%$$

6.3　2 要素それぞれの信頼度 R_1 と R_2 は，式 (4.42) より，$R_1 \fallingdotseq 0.9654$ と $R_2 \fallingdotseq 0.9958$ を得る．ゆえに，系並列冗長系と要素並列冗長系の運用 80 時間での信頼度 $R_s(80)$ と $R_e(80)$ は，それぞれ式 (6.11) と式 (6.12) より，

$$R_s(80) = 1 - (1 - 0.9654 \times 0.9958)^2 \fallingdotseq 0.9985 = 99.85\,\%$$
$$R_e(80) = \{1 - (1 - 0.9654)^2\}\{1 - (1 - 0.9958)^2\} \fallingdotseq 0.9988 = 99.88\,\%$$

6.4　要素 A と B の故障率は，$\lambda_\text{A} = 0.025$ /時間 と $\lambda_\text{B} = 0.02$ /時間，スイッチの信頼度は，$R_\text{S} = 1 - 4 \times 10^{-5}$ である．したがって，運用 50 時間での信頼度は，式 (6.13) より，

$$R(50) = \exp(-0.025 \times 50)$$
$$+ \frac{0.025 \times (1 - 4 \times 10^{-5})}{0.025 - 0.02}\{\exp(-0.02 \times 50) - \exp(-0.025 \times 50)\}$$
$$\fallingdotseq 0.6934 = 69.34\,\%$$

6.5　(1) このアイテムの信頼度は，

$$R(t) = 1 - [1 - \{1 - (1-R_A)(1-R_B R_C)\}\{1 - (1-R_D)(1-R_E)\}](1-R_F)$$

(2) 運用 10000 時間において，$R_A = \exp(-0.2)$, $R_B = \exp(-0.1)$, $R_C = \exp(-0.5)$, $R_D = \exp(-0.3)$, $R_E = \exp(-0.4)$, $R_F = \exp(-0.2)$ なので，

$$R(10000) \fallingdotseq 0.9710 = 97.10\ \%$$

6.6　図 6.19 の FTA の結果は，解図 1 のようになる．図中に付記した計算結果は，運用 2000 時間における各事象における生起確率を表す．これより，モータが始動しないという事象の生起確率は，2.613 %

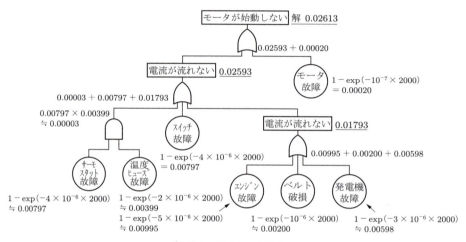

解図 1　図 6.19 の FTA

◆第 7 章◆

7.1　総保全時間 $T = 2 \times 12 + 4 \times 8 + 6 \times 9 + 8 \times 7 + 10 \times 4 + 12 \times 2 + 14 \times 1 = 244$ 時間，保全数 43 だから，MTTR $= 244/43 \fallingdotseq 5.674$ 時間で，式 (7.6) より，修復率 $\mu = 1/\text{MTTR} = 0.1762$ /時間．ゆえに，10 時間後の保全度は式 (7.5) より，

$$M(10) = 1 - \exp(-0.1762 \times 10) \fallingdotseq 0.8283 = 82.83\ \%$$

7.2　各アイテムの不信頼度 $F_i = 1 - \exp(-\lambda_i t)$ は故障比率を表し，相対故障度数として $f_i = F_i / \sum F_i$ が得られ，アイテムの平均 MTTR $= \sum_{i=1}^{5} (f_i \times \text{MTTR}_i)$ となる．解表 5 は，動作時間 $t = 10^3$ 時間における計算結果であり，

平均 MTTR $\fallingdotseq 0.23440$ 時間

7.3　MTBF $=$ 動作時間/故障数 $= 237/35 \fallingdotseq 6.771$ 時間，MTTR $=$ 修復時間/保全数 $= 20/35 \fallingdotseq 0.5714$ 時間．ゆえに，固有アベイラビリティは，式 (7.10) より，

$$A_i = 6.771/(6.771 + 0.5714) \fallingdotseq 0.9222 = 92.22\ \%$$

演習問題の解答　**183**

解表 5　Excel による計算結果

i	λ_i	F_i	f_i	MTTR_i	$f_i \times \mathrm{MTTR}_i$
1	2.6×10^{-5}	0.02566	0.1521	0.25	0.03802
2	4.2×10^{-5}	0.04113	0.2437	0.2	0.04875
3	5.1×10^{-5}	0.04972	0.2947	0.15	0.04420
4	1.8×10^{-5}	0.01784	0.1057	0.4	0.04228
5	3.5×10^{-5}	0.03439	0.2038	0.3	0.06115
計		0.16874	1		0.23440

7.4　故障率 $\lambda = 5 \times 10^{-3}$ /時間, 修復許容時間 $\tau = 0.5$ 時間, 修復率 $\mu = 1/\mathrm{MTTR} = 1$ /時間であり, 機器アベイラビリティ, 使命アベイラビリティ, 保全度, 信頼度は, それぞれ式 (7.13), (7.14), (7.5), (4.12) より,

$$t = 100 \text{ 時間}: A_E \fallingdotseq 0.7613, \quad A_M \fallingdotseq 0.7384, \quad M \fallingdotseq 0.3935, \quad R \fallingdotseq 0.6065$$
$$t = 200 \text{ 時間}: A_E \fallingdotseq 0.6166, \quad A_M \fallingdotseq 0.5452, \quad M \fallingdotseq 0.3935, \quad R \fallingdotseq 0.3679$$

7.5　平均 $\mu = 1600$ 時間, 標準偏差 $\sigma = 30$ 時間であり, $R(t) = 0.98$ の時点で経時保全を行うなら, 付表 2 の逆標準正規分布関数の解より, 式 (4.22) で $(t - 1600)/30 = \Phi^{-1}(1 - 0.98) = -2.05375$ なので,

$$t = 1600 - 30 \times 2.05375 \fallingdotseq 1538.4 \text{ 時間}$$

7.6　(1) 機器アベイラビリティ A_E の式 (7.13) を, $\lambda_E = [-\ln\{1 - (1 - A_E)\exp(\mu\tau)\}]/t$ と書き換え, $A_E = 0.99$, 修復許容時間 $\tau = 0.5$ 時間, 修復率 $\mu = 1/\mathrm{MTTR} = 4$ /時間, $t = 1000$ 時間を代入すると,

$$\lambda_E = [-\ln\{1 - (1 - 0.99)\exp(4 \times 0.5)\}]/1000 \fallingdotseq 7.676 \times 10^{-5} \text{ /時間}$$

(2) 使命アベイラビリティ A_M の式 (7.14) を, $\lambda_M = -\{\ln A_M \exp(\mu\tau)\}/t$ と書き換え, $A_M = 0.99$, $\tau = 0.5$ 時間, $\mu = 4$ /時間, $t = 1000$ 時間を代入すると,

$$\lambda_M = -\{\ln 0.99 \times \exp(4 \times 0.5)\}/1000 \fallingdotseq 7.4262 \times 10^{-5} \text{ /時間}$$

7.7　(1) 式 (5.18) より, 平均の最尤推定値 $\widehat{\mu}_L \fallingdotseq 3.5934$, 式 (5.19) より, 標準偏差の最尤推定値 $\widehat{\sigma}_L \fallingdotseq 1.0346$ を得るので, MTTR と標準偏差は, それぞれ式 (4.38), (4.40) より,

$$\mathrm{MTTR} = \exp(3.5934 + 1.0346^2/2) \fallingdotseq 62.09 \text{ 分}$$
$$\sigma = \sqrt{\exp(2 \times 3.5934 + 1.0346^2)\{\exp(1.0346^2) - 1\}} \fallingdotseq 85.96 \text{ 分}$$

(2) 対数正規分布に従う分布関数 $M(t)$ は式 (7.2) と式 (4.35) の関係より, $M(t) = \Phi\left(\dfrac{\ln t - \mu_L}{\sigma_L}\right)$ と与えられるので, 60 分後の保全度は,

$$M(60) = \Phi\left(\dfrac{\ln 60 - 3.5934}{1.0346}\right) \fallingdotseq 1 - \Phi(-0.4842) \fallingdotseq 0.6859 = 68.59 \text{ \%}$$

◆第 8 章◆

8.1 式 (8.1) では,

$$L(0.02) = \sum_{x=0}^{1} \frac{{}_{20}\mathrm{C}_x \times {}_{980}\mathrm{C}_{20-x}}{{}_{1000}\mathrm{C}_{20}} \fallingdotseq 0.94178$$

式 (8.2) では,

$$L(0.02) = \sum_{x=0}^{1} {}_{20}\mathrm{C}_x \times 0.02^x \times 0.98^{20-x} \fallingdotseq 0.94010$$

式 (8.3) では,

$$L(0.02) = \sum_{x=0}^{1} \frac{0.4^x}{x!} \exp(-0.4) \fallingdotseq 0.93845$$

式 (8.4) では, $2np = 0.8 = \chi^2_{L(0.02)}(4)$ の関係について, $\chi^2_{0.95}(4) = 0.710723$, $\chi^2_{0.9}(4) = 1.06362$ の値を用いて比例配分計算すると,

$$L(0.02) \fallingdotseq 0.93805$$

したがって, $0.93805 \leqq L(0.02) \leqq 0.94178$ となるので, 最大誤差は,

$$|1 - 0.93805/0.9417| \fallingdotseq 0.0039 = 0.39 \%$$

であり, 式 (8.1)〜式 (8.4) の結果は等価とみなすことができ, 式相違の影響は認められない.

8.2 $\lambda_1 = 5\%/10^3$ 時間であり, 信頼水準 90 % より, $\beta = 0.1$, また, $1-\alpha = 0.95$, $c = 2$ なので, 式 (8.16) の判別比は, $\lambda_1/\lambda_0 \geqq \chi^2_{0.10}(6)/\chi^2_{0.95}(6) = 10.6446/1.63539 \fallingdotseq 6.5089$ となり, 合格故障率, $\lambda_0 = \lambda_1/6.5089 \fallingdotseq 0.7682\%/10^3$ 時間となる. このとき, 総試験時間 $T = nt$ は, 式 (8.15) より, $T = nt \geqq \chi^2_{0.1}(6)/2\lambda_1 = 10.6446/(2 \times 0.05/1000) \fallingdotseq 106446$ 時間である. ゆえに, 500 時間の試験に必要なサンプル数は, $n \geqq 106446/500 = 212.892$ より, $n = 213$ 個となるので,

213 個のサンプルを試験して故障率が $0.7682\%/10^3$ 時間以下なら合格

8.3 $\theta_0 = 1500$ 時間で $\alpha = 0.05$, $\theta_1 = 500$ 時間で $\beta = 0.10$ より, 判別比 $\theta_0/\theta_1 = 3$ となる. 式 (8.21) において $3 \geqq \chi^2_{0.10}(2r)/\chi^2_{0.95}(2r)$ を満足する r 値を $r = 1$ から順次求めると, $r = 8$ のときに,

$$\theta_0/\theta_1 \geqq \chi^2_{0.10}(16)/\chi^2_{0.95}(16) = 23.536/7.7616 \fallingdotseq 2.956$$

となり, 条件を満足する合格判定個数は $r = 8$ 以上となる. $r = 8$ のとき, 総試験時間 $T = r\hat{\theta}$ は, 式 (8.20) より, $T = r\hat{\theta} \geqq \chi^2_{0.10}(16) \times \theta_1/2 = 23.536 \times 500/2 \fallingdotseq 5884$ 時間となる. ゆえに,

総試験時間 $T = 5884$ 時間, 　　合格判定個数 $r = 8$ 個

8.4 信頼水準 90 % は $1-\beta = 0.9$ であり, $\beta = 0.1$, 一方, 10^3 時間で少なくとも信頼度 99 % だから, 式 (4.12) よりロット許容故障率 $\lambda_1 = -(1/t)\ln R(t) = -(1/10^3)\ln 0.99 \fallingdotseq 10^{-5}$ /時間なので, 式 (8.15) で $c = 0$ のとき, $2nt\lambda_1 = 2n \times 500 \times 10^{-5} \geqq \chi^2_{0.1}(2) = 4.60517$ より, $n = 461$ 個.

また, $c = 1$ のときには, $2n \times 500 \times 10^{-5} \geqq \chi^2_{0.1}(4) = 7.77944$ より, $n = 778$ 個.

8.5 ロット許容故障率 $\lambda_1 = 10^{-5}$ /時間 なので, 式 (8.15) で $c = 0$ のとき,

$$2nt\lambda_1 = 2nt \times 10^{-5} \geqq \chi^2_{0.05}(2) = 5.99146$$

より $nt = 299573$ 時間, すなわち, $t = 10^2$ 時間の試験では, サンプル数 $n = 2996$ 個, $t = 10^3$ 時間では, $n = 300$ 個となる. ゆえに, $t = 10^2$ 時間の試験費 229720 円, $t = 10^3$ 時間の試験費 221000 円となり, $t = 10^3$ 時間の試験のほうが有利であるといえる.

8.6 $\alpha = 0.05$, $\beta = 0.10$ であり, $\lambda_0 = 10^{-6}$ /時間, $\lambda_1 = 5 \times 10^{-6}$ /時間だから, 式 (8.30) と式 (8.31) の合格線と不合格線の S, h_a, h_r は, それぞれ式 (8.27)〜(8.29) より,

$$S = \frac{1}{5 \times 10^{-6} - 10^{-6}} \ln \frac{5 \times 10^{-6}}{10^{-6}} \fallingdotseq 0.4024 \times 10^6$$

$$h_a = \frac{1}{5 \times 10^{-6} - 10^{-6}} \ln \frac{1 - 0.05}{0.10} \fallingdotseq 0.5628 \times 10^6$$

$$h_r = \frac{1}{5 \times 10^{-6} - 10^{-6}} \ln \frac{1 - 0.10}{0.05} \fallingdotseq 0.7226 \times 10^6$$

となり, 逐次抜取方式の,

合格線: $T_a = 0.4024 \times 10^6 x + 0.5628 \times 10^6$

不合格線: $T_r = 0.4024 \times 10^6 x - 0.7226 \times 10^6$

8.7 (1) $\theta_0 = 300$ 時間, $\theta_1 = 250$ 時間, $\theta_0/\theta_1 = 1.2$, $\alpha = 0.05$, $\beta = 0.10$ だから, 式 (8.30) と式 (8.31) の合格線と不合格線の S, h_a, h_r は, それぞれ式 (8.37)〜(8.39) より,

$$S = \frac{300 \times 250}{300 - 250} \ln \frac{300}{250} \fallingdotseq 273.48 = 0.9116\, \theta_0$$

$$h_a = \frac{300 \times 250}{300 - 250} \ln \frac{1 - 0.05}{0.10} \fallingdotseq 3376.94 \fallingdotseq 11.26\, \theta_0$$

$$h_r = \frac{300 \times 250}{300 - 250} \ln \frac{1 - 0.10}{0.05} \fallingdotseq 4335.56 \fallingdotseq 14.45\, \theta_0$$

したがって, θ_0 に対する比率で表す,

合格線: $T_a/\theta_0 = 0.9116\,x + 11.26$, 　　不合格線: $T_r/\theta_0 = 0.9116\,x - 14.45$

故障数 2 個に相当する合格総試験時間 T_P は合格線より,

$$T_P = (0.9116 \times 2 + 11.26)\theta_0 \fallingdotseq 13.08\, \theta_0$$

これに対し, 総試験時間 T は,

$$T = 150 + 200 + 250 \times 18 = 4850 \fallingdotseq 16.17\, \theta_0$$

で，総試験時間 > 合格総試験時間となるので，このロットは合格と判定できる．
(2) $T_P = (0.9116\,x + 11.26)\theta_0$ の関係において，合格判定ができる最短の総試験時間は $x = 0$ のとき，$T_P = 11.26\,\theta_0 = 3378$ 時間なので，サンプル数 20 ならば 168.9 時間試験して故障数が 0 なら合格である．この問題では，150 時間で故障が発生するため不合格，次に，$x = 1$ で $T_P = 12.17\,\theta_0 = 3651$ 時間のときには，$(3651 - 150)/19 = 184.26\cdots$ 時間で故障数 1 であり，この場合には，次の故障が 200 時間で発生しているので，このロットは合格と判定できる．したがって，最短の寿命試験時間は 184.3 時間である．

◆第 9 章◆

9.1 安全余裕 $Z = X_R - X_S$ の分布は $N(20 - 13, 8 + 5) = N(7, 13)$ であり，信頼度 $R = P(Z \geqq 0)$ であるから，式 (4.30) より，

$$R = \Phi(7/\sqrt{13}) \fallingdotseq 1 - \Phi(-1.941) \fallingdotseq 1 - 0.0261 = 0.9739 = 97.39\,\%$$

9.2 (1) $x = \log_{10} S$, $y = \log_{10} N$ として，回帰計算すると，

$$\mu_x = 2.035\cdots, \qquad \mu_y = 2.423\cdots, \qquad \sum_{i=1}^{8} \frac{1}{8} x_i y_i = -0.7181\cdots,$$

$$\sum_{i=1}^{8} \frac{1}{8} x_i^2 = 3.865\cdots$$

となるので，式 (5.3)，(5.4) より回帰直線は，$y = 2.820 - 0.1949\,x$ を得る．したがって，式 (9.13) の S-N 曲線は，

$$S = 661.1\,N^{-0.1949}$$

(2) このとき，式 (9.14) の加速係数 $A_\theta = N_N/N = (S/S_N)^{1/0.1949}$ となり，応力振幅を倍にしたときの加速係数は，

$$A_\theta = 2^{1/0.1949} \fallingdotseq 35.0$$

9.3 加速係数 A_θ の式 (9.15) において，$n = 5$, $\delta = 10$, $V/V_N = 2$, $T - T_N = 60 - 25 = 35$ のときであるから，$A_\theta = 2^5 \times 2^{35/10} = 2^{8.5} = 362.038\cdots$ となる．ゆえに，定格の 2 倍，温度 60 ℃の条件では，

$$\mathrm{MTTF} = 10^6/362.038\cdots \fallingdotseq 2762.1 \text{ 時間}$$

9.4 応力振幅と繰返し数の関係を表す式 (9.13) を $N = 10^{(350-S)/75}$ と書きなおすと，$S = 70$ MPa のとき $N_{70} = 5412$ cycle，$S = 100$ MPa のとき $N_{100} = 2155$ cycle，$S = 150$ MPa のとき $N_{150} = 465$ cycle である．式 (9.18) の関係 $2000/N_{70} + 900/N_{100} + n/N_{150} = 1$ より，$n = 99$ を得る．ゆえに，

応力振幅 $S = 150$ MPa で 99 cycle 繰り返すと破断する

9.5 対数正規分布における平均 μ は式 (4.38) の関係より，

$$\ln \mu_R = \ln 400 \fallingdotseq 6 = \mu_{LR} + \frac{\sigma_{LR}^2}{2}, \qquad \ln \mu_S = \ln 200 \fallingdotseq 5.3 = \mu_{LS} + \frac{\sigma_{LS}^2}{2}$$

であるので,変動係数 $\sigma_{LR}/\mu_{LR} = 0.1$, $\sigma_{LS}/\mu_{LS} = 0.1$ の関係を適用して,

$$\mu_{LR} + \frac{0.01\mu_{LR}^2}{2} = 6, \qquad \mu_{LS} + \frac{0.01\mu_{LS}^2}{2} = 5.3$$

を解くと,$\mu_{LR} = 5.83$, $\sigma_{LR} = 0.583$, $\mu_{LS} = 5.17$, $\sigma_{LS} = 0.517$ を得る.この値を式 (9.27) の関係に代入すると,$u = -0.847$ となるので,故障の生起確率は,式 (9.28) より,

$$P_f = \Phi(-0.847) \fallingdotseq 0.1985 = 19.85\ \%$$

9.6 (1) 変動係数は,$\eta_R = \eta_S = \sigma_S/\mu_S = 1/8$ である.$P_f \leqq 5 \times 10^{-3}$ とする条件は,式 (9.31) より,

$$(S_C - 1)/\sqrt{S_C^2/64 + 1/64} = \Phi^{-1}(1 - P_f) = \Phi^{-1}(0.995) = 2.57583$$

となる.これより得られる二次方程式,$(64 - 2.57583^2)S_C^2 - 128 S_C + 64 - 2.57583^2 = 0$ を解くと,安全係数は,

$$S_C = 1.61033\cdots \fallingdotseq 1.61$$

(2) このとき,$\mu_R = S_C \mu_S = 322$, $\sigma_R = S_C \sigma_S = 40.25$ なので,X_R が従う正規分布は,

$$N(322,\ 40.25^2) \fallingdotseq N(322,\ 1620)$$

参考図書

[1] 「機械・構造系技術者のための実用信頼性工学」，日本材料学会編，養賢堂，(1987)
[2] 「信頼性工学」，市川昌弘 著，裳華房，(1990)
[3] 「信頼性工学入門」，北川賢司 著，コロナ社，(1979)
[4] 「信頼性工学」菅野文友 著，コロナ社，(1980)
[5] 「信頼性工学演習」，菅野文友 著，コロナ社，(1984)
[6] 「信頼性工学」，原田耕介，二宮保 著，養賢堂，(1977)
[7] 「信頼性工学入門」，塩見弘 著，丸善，(1982)
[8] 「故障解析と診断」，塩見弘 著，日科技連出版社，(1977)
[9] 「信頼性・保全性の考え方と進め方」，塩見弘 著，技術評論社，(1979)
[10] 「信頼性概論」，塩見弘 著，東京電気大学出版局，(1972)
[11] 「システム工学」，室津義定，大場史憲，米沢政昭，藤井進 著，森北出版，(1980)
[12] 「多変量解析入門」，木下栄蔵 著，近代科学社，(1995)
[13] 「現代統計学」，河田龍夫，国沢清典 著，廣川書店，(1965)
[14] 「新訂 確率統計」，新井一道，碓氷久，大内俊二，斎藤斉，佐藤義隆，高遠節夫 著，大日本図書，(2005)
[15] 「数学公式 I」，森口繁一，宇田川銈久，一松信 著，岩波書店，(1956)
[16] 「数学公式 III」，森口繁一，宇田川銈久，一松信 著，岩波書店，(1960)
[17] 「数学ハンドブック」，小松勇作，淡中忠郎 編，朝倉書店，(1961)

索 引

◆英語先頭行◆

AFR (acceptable failure rate) 135
AML (acceptable mean life) 135
AQL (acceptable quality level) 136
ARL (acceptable reliability level) 135
CFR (constant failure rate) 40
DFR (decreasing failure rate) 40
FIT (failue in time) 13
FMEA (fault mode and effect analysis,
　　failure mode and effect analysis) 109
FMECA (fault mode, effect and criticality
　　analysis, failure mode, effect and
　　criticality analysis) 109
FTA (fault tree analysis) 109
IFR (increasing failure rate) 40
JIS Z 8115 2
LTFR (lot tolerance failure rate) 135
LTML (lot tolerance mean life) 135
LTPD (lot tolerance percent defective) 136
m-out-of-n redundancy（m/n 冗長系）... 105
MDT (mean down time) 55
MTBF (mean operating time) 53, 62
MTTF (mean time to failure) 53, 62
MTTFF (mean time to first failure) 54
MTTR (mean time to repair) 55, 119
MUT (mean up time) 55
OC 曲線 (operating characteristic curve) .. 131
PL (product liability) 7
S-N 曲線 (fatigue life curve) 153
χ^2 適合度検定 (chi-square goodness of fit
　　test) 88
χ^2 分布 (chi-square distribution) 89, 132, 172

◆あ 行◆

アイテム (item) 2
アイリングモデル (Eyring model) 152
アップ時間 (up time) 13, 55
アベイラビリティ (availability) 8, 13, 120
アレニウスモデル (Arrhenius model) 150
安全 (safety) 6
安全係数 (safety factor) 158
安全余裕 (safety margin) 158
位置母数 (location parameter) 72, 83
1 回抜取方式 (single sampling plan) 130
打切りデータ (censored data) 51
運用アベイラビリティ (operational
　　availability) 121
エージング (aging) 41
エラーリカバリ (error recovery) 94

◆か 行◆

回帰係数 (regression coefficient) 76
回帰直線 (regression line) 75
回帰分析 (regression analysis) 75
階級 (class) 25
階級値 (midpoint of class) 26
概念設計 (conceptual design) 93
確率 (probability) 15
確率関数 (probability function) 28
確率の加法定理 (additive theorem of
　　probability) 19
確率の乗法定理 (multiplicative theorem of
　　probability) 21
確率分布 (probability distribution) 30
確率分布関数 (probability distribution
　　function) 36, 43
確率変数 (random variable) 25, 43
確率密度関数 (probability density function)
　　.................................. 36, 44
過失責任 (fault liability) 7
仮説の検定 (test of statistical hypothesis) · 88
加速係数 (acceleration factor) 149

加速試験 (accelerated test)············ 71, 148
片側推定 (one-sided interval estimation) ·· 50
間欠故障 (intermittent failure) ············· 43
完全データ (uncensored data) ··············· 51
観測値 (observed value) ······················ 25
ガンマ関数 (gamma function)49, 71, 163, 171
機器アベイラビリティ (equipment availability)································· 123
危険率 (significance level) ···················· 50
期待値 (expectation, expected value) ·· 26, 37
規定寿命 (acceptable mean life) ············ 135
規定不良率 (acceptable quality level) ····· 136
基本設計 (fundamental design)··············· 93
逆標準正規分布関数 (inverse standard normal distribution function)·········· 77, 164, 170
級間 (interval)·································· 25
極値分布 (extreme-value distribution) ···· 155
緊急保全 (emergency maintenance) ······· 116
偶発故障 (random failure, chance failure) · 40
区間推定 (interval estimation)········· 49, 131
鎖モデル (chain model) ····················· 155
組合せ (combination) ························· 18
経時変化故障 (gradual failure)··············· 43
経時保全 (age-based maintenance) ········ 115
形状母数 (shape parameter) ·················· 70
経年故障 (aging failure)······················· 40
限界試験 (marginal test)····················· 148
検査特性曲線 (operating characteristic curve)
································· 131
現地試験 (field test) ·························· 148
合格故障率 (acceptable failure rate) ······· 135
合格信頼性水準 (acceptable reliability level)
································· 135
構造信頼性 (structural reliability) ········· 155
互換性 (interchangeability) ··················· 94
故障 (failure) ··································· 8
故障解析 (failure analysis) ············ 98, 108
故障強度 (failure intensity)············· 13, 41
故障強度加速係数 (failure intensity acceleration factor)························· 150
故障曲線 (failure curve)······················· 39

故障寿命 (time to failure) ····················· 44
誤使用による故障 (misuse failure)··········· 42
故障物理 (failure physics) ·················· 146
故障分布関数 (failure distribution function)44
故障密度関数 (failure density function) ···· 44
故障モード (failure mode)····················· 43
故障モード・影響解析 (failure mode and effect analysis) ·························· 109
故障モード・影響・致命度解析 (failure mode, effect and criticality analysis)··········· 109
故障率 (failure rate) ······················ 8, 12
故障率加速係数 (failure rate acceleration factor)································ 150
故障率関数 (failure rate function)············ 45
固有アベイラビリティ (inherent availability)
································· 121
コンポーネント時間 (component hour)····· 99

◆さ　行◆

最弱リンクモデル (weakest link model) ··· 155
最小二乗法 (least square method) ··········· 76
最初の故障までの平均時間 (mean time to first failure)································· 54
最頻値 (mode) ·································· 26
最尤推定値 (maximum likelihood estimate)84
最尤法 (maximum likelihood method) ······ 84
残存確率関数 (survival distribution function)
································· 45
散布度 (measure of dispersion) ··············· 28
サンプル (sample) ····························· 25
サンプルサイズ (sample size) ················ 25
3母数ワイブル分布 (three parameter Weibull distribution)························ 72, 83
時間加速係数 (time acceleration factor)··· 150
時間計画保全 (scheduled maintenance) ··· 115
しきい値 (threshold value) ················· 151
試験室試験 (laboratory test)················· 148
試行 (trial) ····································· 15
事後保全 (corrective maintenance)········· 115
事象 (event, phenomenon) ··················· 15
指数分布 (exponential distribution)46, 61, 84

使命アベイラビリティ (mission availability)
　　　　　　　　　　　　　　　　124
尺度母数 (scale parameter) 70
従属 (dependent) 20
自由度 (degrees of freedom) 89
修復許容時間 (allowable repair time) 123
修復時間 (time to restoration, time to recovery) 55, 118
修復率 (repair rate) 119
修理系 (repairable item) 8, 42
寿命 (life) 41
寿命加速係数 (life acceleration factor) 152
寿命試験 (life test) 51
瞬間アベイラビリティ (instantaneous availability) 121
瞬間故障率 (instantaneous failure rate) 46
順列 (permutation) 17
条件付確率 (conditional probability) 21
詳細設計 (detail design) 93
状態監視保全 (monitored maintenance) 115
冗長性 (redundancy) 10, 98
冗長設計 (redundant design) 100
消費者危険 (consumer's risk) 134
初期故障 (initial failure, early failure) 40
信頼係数 (confidence coefficient) 50
信頼限界 (confidence limit) 50
信頼水準 (confidence level) 50, 131
信頼性 (reliability) 2
信頼性決定試験 (reliability determination test) 148
信頼性工学 (reliability engineering) 1
信頼性設計 (reliability design) 10, 93
信頼性逐次試験方式 (reliability sequential test plan) 131
信頼性適合試験 (reliability compliance test) 148
信頼性特性値 (reliability characteristics) 11, 148
信頼性物理 (reliability physics) 146
信頼性ブロック図 (reliability block diagram) 100

信頼性予測 (reliability prediction) 97
信頼度 (reliability) 8, 11
信頼度関数 (reliability function) 43
信頼度水準 (reliability level) 98
数学的確率 (mathematical probability) 15
スクリーニング (screening) 10, 41
ステップストレス試験 (step stress test) 148
ストレス (stress) 42
ストレス－強度モデル (stress-strength model) 157
ストレス比 (stress ratio) 148
正規分布 (normal distribution) 64, 77, 157
生産者危険 (producer's risk) 134
生産設計 (production design) 94
製造物責任 (product liability) 7
設計仕様 (specification of design) 94
設計審査 (design review) 96
全機能喪失故障 (complete failure) 42, 95
線形回帰分析 (linear regression analysis) 75
線形損傷則 (linear damage rule) 155
相関 (correlation) 75
相関係数 (correlation coefficient) 75
総試験時間 (total testing time) 52
相対度数 (relative frequency) 16
総動作時間 (total operating time) 12, 51

◆た　行◆

待機冗長系 (stand-by redundancy system) 104
耐久性 (durability) 41
耐久性試験 (endurance test) 148
対数正規分布 (logarithmic normal distribution) 66, 79
大数の法則 (law of large numbers) 16
耐用寿命 (useful life) 41
ダウン時間 (down time) 55
多数決冗長系 (voting redundant system) 105
束モデル (bundle model) 156
逐次確率比検定 (sequential probability ratio test) 140
逐次抜取方式 (sequential sampling plan) 131
致命度 (criticality) 110

中央安全係数 (central factor of safety) ···· 160
中央値 (median) ································ 26
抽出 (sampling) ································ 25
柱状グラフ (histogram) ······················ 26
中心極限定理 (central limit theorem) ··· 64
中途打切り試験方法 (censored test plan)··· 51
直列系 (series system) ················ 100, 155
通常事後保全 (regular corrective
　maintenance) ································ 116
定期点検 (periodic inspection) ············· 126
定期保全 (periodic maintenance) ·········· 115
定時打切り試験 (fixed time test) ············ 51
定数打切り試験 (fixed number test) ······· 51
ディペンダビリティ (dependability) ········ 2
ディレーティング (derating) ········ 10, 148
適合度検定 (goodness of fit test) ··········· 88
デザインレビュー (design review) ········· 96
デバギング (debugging) ······················ 41
点推定 (point estimation) ····················· 49
統計調査 (statistical research) ·············· 25
統計的確率 (statistical probability) ········ 16
動作時間 (operating time) ···················· 51
動作不能時間 (disabled time) ················ 13
独立 (independent) ····························· 18
独立試行 (independent trial) ················· 18
度数 (frequency) ································ 25
度数分布多角形 (frequency polygon) ······ 26
度数分布表 (frequency table) ················ 25
突発性故障 (sudden failure) ············ 43, 95
突発性全機能喪失故障 (catastrophic failure)95
トップ事象 (top event) ······················ 111
トップダウン (top down) ··················· 112
トレードオフ (trade-off) ····················· 11

◆な　行◆

ならし (burn-in) ································ 41
二項分布 (binominal distribution) ·········· 57
二次故障 (secondary failure) ················· 42
2母数ワイブル分布 (two parameter Weibull
　distribution) ························ 72, 81, 86
任意抽出 (random sampling) ················ 25

抜取試験 (acceptance sampling) ············ 130

◆は　行◆

排反 (exclusive) ································· 19
バスタブ曲線 (bath-tub curve) ·············· 40
パーセント点 (percentile point) ······ 45, 164
範囲 (range) ····································· 28
反復試行 (repeated trial) ················ 18, 23
判別比 (discrimination rate) ················ 134
非修理系 (non-repairable item) ·········· 8, 42
ヒストグラム (histogram) ···················· 26
非復元抽出 (sampling without replacement)
　··· 20
ヒューマンエラー (human error) ············· 6
標準正規分布 (standard normal distribution)
　··· 64, 169
標準偏差 (standard deviation) ········· 28, 37
標本 (sample) ···································· 25
標本調査 (sample research) ·················· 25
標本の大きさ (sample size) ··················· 25
フィールド試験 (field test) ············ 94, 148
フェールセーフ (fail safe) ···················· 94
フェールソフト (fail soft) ···················· 94
フォールト (fault) ································ 8
フォールト解析 (fault analysis) ············ 108
フォールトトレラント (fault tolerant) ······ 95
フォールトの木解析 (fault tree analysis) ·· 109
フォールトモード・影響及び致命度解析 (fault
　mode, effect and criticality analysis)··· 109
フォールトモード・影響解析 (fault mode and
　effect analysis) ······························ 109
不完全データ (censored data) ················ 51
復元抽出 (sampling with replacement) ····· 18
不信頼度関数 (unreliability function) ······ 44
部分的故障 (partial failure) ··················· 42
フールプルーフ (fool proof) ················· 94
分散 (variance) ·································· 28
分布関数 (distribution function) ············ 44
平均 (average, mean) ···················· 26, 37
平均アップ時間 (mean up time) ············· 55
平均アベイラビリティ (mean availability) 121

平均故障間動作時間 (mean operating time) ··· 13, 53, 62
平均故障寿命 (mean time to failure) ··· 53, 62
平均修復時間 (mean time to repair, mean time to restoration) ····················· 55, 119
平均ダウン時間 (mean down time) ·········· 55
並列系 (parallel series) ················· 100, 157
並列冗長系 (parallel redundant system) ·· 102
偏差 (deviation) ································· 28
変数 (variable) ································· 25
変動係数 (coefficient of variation) ····· 30, 161
変量 (variable) ································· 25
ポアソン分布 (Poisson distribution) ········ 59
母集団 (population) ····························· 25
母数 (parameter) ································ 49
保全時間 (maintenance time) ······ 12, 43, 118
保全性 (maintainability) ························· 8
保全性設計 (maintainability design) ······· 117
保全度 (maintainability) ··············· 8, 12, 118
保全度関数 (maintainability function) 43, 118
ボトムアップ (bottom up) ···················· 110

◆ま 行◆

マイナー則 (Miner rule) ······················ 154
摩耗故障 (wear-out failure) ················· 40
ミーンランク (mean rank) ····················· 49
無過失責任 (strict liability) ······················ 7
メジアン (median) ······························· 26
メンテナンスフリー (maintenance-free) ··· 116
モジュール (module) ···························· 10
モード (mode) ··································· 26

◆や 行◆

有意水準 (significance level) ················· 50
尤度 (likelihood) ································ 84
有用寿命 (useful life) ·························· 41
余事象 (complementary event) ··············· 16
予防保全 (preventive maintenance) ··· 41, 115

◆ら 行◆

ライフサイクル (life cycle) ················· 4, 39
ライフサイクルコスト (life-cycle cost) ······ 11
離散型確率分布 (discrete probability function) ································· 36, 57
離散型確率変数 (discrete random variable) 36
両側推定 (two-sided interval estimation) ·· 50
累積確率 (cumulative probability) ····· 44, 47
累積度数 (cumulative frequency) ············ 26
累積度数多角形 (cumulative frequency polygon) ·· 26
劣化 (degradation, deterioration) ········ 9, 151
連続型確率分布 (continuous probability distribution) ······························· 36, 61
連続型確率変数 (continuous random variable) ·· 36
ロット許容故障率 (lot tolerance failure rate) ·· 135
ロット許容寿命 (lot tolerance mean life) · 135
ロット許容不良率 (lot tolerance percent defective) ···································· 136

◆わ 行◆

ワイブル分布 (Weibull distribution) ·· 69, 155

著者略歴

福井　泰好（ふくい・やすよし）
　1950 年　山口県に生まれる
　1973 年　東京工業大学工学部金属工学科卒業
　1978 年　東京工業大学大学院理工学研究科博士課程修了（工学博士）
　1978 年　鹿児島大学工学部機械工学科助手
　1984 年　鹿児島大学工学部機械工学科講師
　1987 年　鹿児島大学工学部機械工学科助教授
　1995 年　鹿児島大学工学部機械工学科教授
　2007 年〜2011 年　鹿児島大学工学部長
　2009 年　鹿児島大学大学院理工学研究科教授
　2009 年〜2013 年　鹿児島大学大学院理工学研究科長
　2013 年〜2015 年　鹿児島大学工学部長
　2015 年　鹿児島大学名誉教授
　　　　　現在に至る

編集担当　太田陽喬（森北出版）
編集責任　上村紗帆・石田昇司（森北出版）
組　　版　藤原印刷
印　　刷　同
製　　本　同

入門 信頼性工学（第 2 版）　　　　　　　　　© 福井泰好　2016

2006 年 7 月 10 日　第 1 版第 1 刷発行　　【本書の無断転載を禁ず】
2015 年 2 月 20 日　第 1 版第 6 刷発行
2016 年 7 月 27 日　第 2 版第 1 刷発行
2022 年 4 月 8 日　第 2 版第 3 刷発行

著　　者　福井泰好
発 行 者　森北博巳
発 行 所　森北出版株式会社
　　　　　東京都千代田区富士見 1-4-11（〒102-0071）
　　　　　電話 03-3265-8341／FAX 03-3264-8709
　　　　　https://www.morikita.co.jp/
　　　　　日本書籍出版協会・自然科学書協会　会員
　　　　　JCOPY ＜(社)出版者著作権管理機構　委託出版物＞

落丁・乱丁本はお取替えいたします.
Printed in Japan／ISBN978-4-627-66572-9